上海大学出版社

2005年上海大学博士学位论文 46

软开关三相PWM逆变技术研究

● 作 者： 许 春 雨

● 专 业： 电 力 电 子 与 电 力 传 动

● 导 师： 陈 国 呈

Shanghai University Doctoral
Dissertation (2005)

Research on the Soft-Switching Three-phase PWM Inverter Technique

Candidate: Xu Chunyu
Major: Power Electronics and Power Drive
Supervisor: Chen Guocheng

Shanghai University Press
· Shanghai ·

上 海 大 学

本论文经答辩委员会全体委员审查，确认符合上海大学博士学位论文质量要求.

答辩委员会名单：

主任：严陆光　院士，中国科学院　100080

委员：施颂椒　教授，上海交大自动化系　200030

潘俊民　教授，上海交大电力学院　200030

陶生桂　教授，同济大学沪西校区电气系　200331

江建中　教授，上海大学机自学院　200072

导师：陈国呈　教授，上海大学机自学院　200072

评阅人名单：

陶生桂	教授，同济大学沪西校区电气系	200331
张仲超	教授，浙江大学电气工程学院	310027
何湘宁	教授，浙江大学电气工程学院	310027

评议人名单：

严陆光	院士，中国科学院	100080
施颂椒	教授，上海交大自动化系	200030
潘俊民	教授，上海交大电力学院	200030
江建中	教授，上海大学机自学院	200072
胡育文	教授，南京航空航天大学三院	210016
周国兴	教授，同济大学	200092
叶芃生	教授，上海交大电力学院	200030

答辩委员会对论文的评语

软开关脉宽调制逆变技术能有效抑制电磁干扰，减小功率开关器件的电应力，降低主电路的功率损耗，近年来受到国内外同行的关注．论文选题具有前瞻性、新颖性，对于发展高性能变频技术具有重要的理论意义和实用价值．论文的主要成果如下：

1．提出了一种新型的辅助谐振三相脉宽调制逆变器主电路拓扑，该拓扑具有结构简单、控制方便、成本低、功率密度高等特点．研究了该主电路拓扑的软开关工作机理和动作模式，建立了系统的数学模型及控制策略．

2．研究了适合于该电路脉宽调制的载波形式，即采用正负斜率交替的锯齿波作为载波，使系统实现了正常的软开关功能．

3．利用空间电压矢量概念，深入分析了软开关三相脉宽调制逆变器的磁链轨迹，指出了逆变器输出电流波形畸变的原因，提出了两种相应的电流波形补偿方法，有效地改善了逆变器的输出电流波形．

4．建立了系统实验平台，验证了所提出的软开关拓扑结构及其控制策略的正确性．

5．作为课题的发展和提高，进而提出了一种零电压转换软开关三相脉宽调制逆变器主电路拓扑，该拓扑能进一步提高变频系统的效率．分析了该零电压转换拓扑的软开关动作模式，建立了系统的数学模型和控制策略．

论文立论正确，条理清楚，论述严谨，理论与实践相结合，取得了创新成果.表明许春雨同学在电力电子与电力传动学科掌握了坚实宽广的理论基础和系统深入的专业知识，具有独立从事科学研究的能力.答辩中，阐述清楚，回答问题正确.答辩委员提出的意见供修改论文时参考.

经答辩委员会无记名投票，一致通过论文答辩，并建议授予工学博士学位.

答辩委员会表决结果

经答辩委员会表决，全票同意通过许春雨同学的博士学位论文答辩，建议授予工学博士学位.

答辩委员会主席：严陆光

2004年10月29日

摘　要

本文在对三相逆变器软开关拓扑研究现状分析、评价的基础上，对新型的软开关三相 PWM 逆变器电路拓扑进行了深入的研究. 本课题是国家自然科学基金项目（批准号：59977012）的一部分，研究软开关三相 PWM 逆变器主电路拓扑结构及其控制策略，旨在探索一种实用的软开关三相 PWM 逆变器，研究其工作机理，为产业提供一种可行的软开关三相 PWM 逆变器方案.

提出了一种新型辅助谐振软开关三相 PWM 逆变器电路拓扑，具有结构简单、控制方便、成本低、功率密度高等特点，可以实现逆变器电路所有功率开关器件的软开关动作. 研究了该电路拓扑的软开关工作机理，分析了软开关三相 PWM 逆变器主电路的软开关动作模式，建立了逆变器软开关动作过程的数学模型及控制策略，并进行了计算机仿真研究，为逆变器的实验工作奠定了理论基础.

研究适合三相 PWM 逆变器软开关动作的载波形式. 指出在该软开关逆变器电路拓扑中功率开关器件要实现软开关动作，就必须根据随逆变器输出电流极性的不同分别选用正负斜率的锯齿载波，这是实现软开关动作的一个必要条件. 并采用优化的 SAPWM 调制信号，提高了直流电压的利用率，并能有效地抑制逆变器输出的谐波电流.

分析了软开关三相 PWM 逆变器的磁链运行轨迹. 指出在

软开关 PWM 模式下,空间电压矢量发生很大变化,有时甚至没有零电压空间矢量,磁链运动轨迹是通过非零电压空间矢量进行调节的,从而使磁链的运动轨迹仍保持与硬开关时等效.同时分析了软开关 PWM 逆变器输出电流波形畸变的原因,提出两种相应的电流补偿方法,有效地改善了逆变器的输出电流波形.分析了实验中谐振槽不正常原因,阐述了软开关逆变器的 PWM 驱动信号与谐振时序间的关系,确保了软开关动作的正常实现.

对辅助谐振软开关三相 PWM 逆变器进行实验研究,建立了系统实验平台,优化了软开关三相 PWM 逆变器系统的结构参数,实现了系统的软开关动作,并制作了相应的实验样机,对实验结果进行分析、总结,实验结论验证了本拓扑控制策略的正确性.

为了进一步提高软开关三相 PWM 逆变器的效率,也作为本自然科学基金项目的进一步发展,提出了一种谐振交流环节 ZVT 软开关三相 PWM 逆变器主电路拓扑.该逆变器主电路的辅助谐振换流电路仅采用一个功率开关器件,具有结构简单,系统成本低,控制方便等优点.探讨该软开关逆变器拓扑下的 PWM 控制方法,详细阐述了 ZVT 软开关三相 PWM 逆变器主电路拓扑的软开关动作模式,对动作时序中每一个模式的动态过程进行详细的数学分析,建立了系统数学模型,确立了逆变器系统实现软开关动作的 SAPWM 控制策略.并对系统进行了数字仿真研究,仿真结果验证了拓扑结构及其控制策略的正确性,实现了所有功率开关器件的软开关动作.

关键词　软开关,逆变器,鞍形波脉宽调制,谐振,磁链轨迹

Abstract

Based on analysis and evaluation of the existing study of inverter soft-switching topology circuit, a novel three-phase soft-switching PWM inverter topology has been further investigated in this dissertation. As a part of National Nature Science Foundation of China (No: 59977012), the study mainly focuses on the topology of main circuit and control strategy about soft-switching three-phase PWM inverter, which is to explore a practical soft-switching three-phase PWM inverter topology and in order to provide for industry a feasible soft-switching three-phase PWM inverter scheme, its operation mechanism is investigated.

A novel assistant resonant soft-switching three-phase PWM inverter topology circuit is proposed which contains such characteristics as simple structure, convenient control, low cost and high density, capable of realizing the soft-switching action of all the inverter power switch devices. In this paper, author has investigated the soft-switching operation mechanism of the circuit topology, analyzed the soft-switching action pattern of the main circuit about soft-switching three-phase PWM inverter, established mathematical model and control strategy of the inverter soft-switching action process and completed computer simulation, so that the theory base has been established for the experimental research.

Carrier wave forms are studied to fit three-phase PWM inverter soft-switching operation. It is pointed out that sawtooth carrier wave with positive or negative slope has to be selected respectively according to the polarity of inverter output current, which is a necessary condition to realize soft-switching operation. Also, optimized SAPWM modulation wave has been utilized, improving the utility ratio of DC voltage and restraining effectively the output harmonic current of inverter.

Flux linkage locus of soft-switching three-phase PWM inverter is analyzed, and it is declared that under the soft-switching PWM pattern, space voltage vectors vary greatly, sometimes even no zero space vectors exists. The moving locus of flux linkage is adjusted by the non-zero space vectors, so the moving locus of flux linkage still equal to that of hard-switching PWM pattern. The reason of soft-switching PWM inverter's current wave distortion has been discussed also, two corresponding compensation methods are proposed, effectively improving the output current waveform of the inverter. The reason of resonant slot abnormity in the experiment has been discussed and the relationship between PWM gating signals of soft-switching inverter and resonant timing has also been demonstrated, so the normal realization of soft-switching action is guaranteed.

Experimental investigation has been carried out for the

assistant resonant soft-switching three-phase PWM inverter, establishing experimental system, optimizing the structure parameters of soft-switching three-phase PWM inverter, realizing the soft-switching action, and completing corresponding prototype, analyzing and summarizing the experimental results. Experiment conclusion verified the validity of control strategy for the proposed topology circuit.

In order to increase the efficiency of soft-switching three-phase PWM inverter and in order to develop the project supported by National Nature Science Foundation of China, a new ZVT soft-switching three-phase PWM inverter topology circuit with AC resonant link is proposed, in which only one power switch device is employed in the assistant resonant commutate circuit, with the advantage of simple structure, low cost, and convenient control. The author has discussed PWM control method for the soft-switching inverter topology and demonstrated soft-switching operation pattern of the main circuit about ZVT soft-switching three-phase PWM inverter in detail, analyzing mathematically the dynamic process of each action mode in the operation timing, establishing the mathematic model, proposing the SAPWM control strategy for realization of inverter's soft-switching operation. Finally, the digital simulation result verified validity of the topology structure and its control strategy, realizing the soft-switching action of all the power switch devices.

Key words Soft-Switching, Inverter, SAPWM, Resonant, Flux Linkage Locus

目　录

第一章 概 述

1.1 引言

电力电子变换技术从 20 世纪中叶诞生后，经过了近半个多世纪的发展，已形成较为完整的学科体系和理论，成为相对独立的学科门类[1]. 近年来，随着微电子技术的发展，电力电子变换技术更是获得了突飞猛进的发展，并且被各国专家学者视为人类社会的第二次电子革命，著名美国教授 B. K. Bose 认为："电力电子变换技术在全世界范围的工业文明发展中所起的关键作用可能仅次于计算机"，并在 21 世纪"将对工业自动化、交通运输、城市供电、节能、环保治理等方面的发展产生巨大的推动作用. 尤其是近年来随着各国工业与科学技术的飞速发展，电力电子变换技术更是日新月异，为人类的物质文明进步发挥着越来越重要的作用，计算机技术、电力电子变换技术以及自动控制技术将成为三种最重要的技术"[2].

如今电力电子变换技术正朝着高频化、大容量化、高性能化方向发展，已深入到工农业生产、交通运输、空间技术、现代国防、医疗卫生、环境保护、家用电器、航空管理、办公自动化等各个领域. 然而，电力电子变换技术的进步和电力电子变换装置的广泛应用也带来了很多弊害，并已成为世人瞩目的社会问题. 高频化和大容量化使装置内部的电压、电流发生剧变，不但给功率开关器件造成很大的电应力，还在装置的输入输出引线及周围空间产生高频电磁噪声，对其它电气设备的工作造成干扰，这种公害称电磁干扰（EMI：Electro Magnetic Interference）[3,4]. 另外，功率开关器件的非线性工作和采用输入电容滤波方式的不控整流电路产生大量的谐波，使得电力电子变换装置的输入电流波形严重失真，该谐波电流不但降低了电网的功率因数，还可能影响电网上其它电气设备的正常工作. 电力谐波的存在降低了电能生产、传输和使用设备的容量，使电气设备过热，绝缘老化，使用寿命缩短，产生电磁噪声，引发电力系统局部并联谐振或串联谐振，造成电容器或电抗器烧损. 电力谐波还引起继电器和自动控制设备的误动作，使电能计量出现混乱. 所以电力电子装置引起的谐波污染已成为电力电子变换技术发展和普及应用的重要障碍[5,6].

因此，电力电子变换技术在瞄准高频化和大容量化的同时，不能不考虑对上述 EMI 和谐波进行必要的抑制. 虽然有关电磁公害和谐波污染问题各国都制定了一些强制标准，但这些标准并不充分，而且满足标准要求仅仅是治标，要治本就应该在电力变换电路的拓扑结构和控制方法上寻找出路[7~9]. 抑制 EMI 和降低谐波是电力电子技术的一个重要课题，目前抑制 EMI 的主要方法是采用软开关谐振变换技术，降低谐波的主要方法是采用谐波补偿和 PWM 调制技术. 20 世纪 90 年代开始，以日本、美国、加拿大、德国为代表的经济发达国家已投入大量精力、财力，对高效率、高功率密度、低电磁干扰、低谐波污染的电力变换技术进行了研究[10~18]；国内，浙江大学、清华大学、西安交大、华中理工大学、南京航空航天大学、哈尔滨工业大学、上海交通大学、燕山大学、重庆大学、西安理工大学等高校也在这方面作了大量研究，取得了很多优异的成绩[19~29].

软开关(Soft Switching)理论的深入研究以及软开关技术的广泛应用，使电力电子变换器的设计出现了革命性的变化. 它的应用使电力电子变换器可以具有更高的效率、更高的功率密度和更高的可靠性，并能有效地减小电力电子变换装置引起的电磁干扰(EMI)和环境污染等，为在 21 世纪大力发展“绿色”电力电子产品提供了有力的支持. 因此研究软开关谐振电力变换技术不但具有重要的学术价值，对于国计民生都将产生深远的影响.

1.2 硬开关逆变器中的开关损耗[30,31]

随着 PWM 电力变换装置的广泛应用，对其性能的要求也越来越高. 小型化、轻量化是现代电力电子装置的发展趋势，同时对装置的效率和电磁兼容也提出了更高的要求. 传统的硬开关 PWM 逆变器存在着许多问题亟待解决. 通常，逆变器中的滤波电感、贮能电容和变压器在系统的体积和重量中占的比例很大，只有减小它们的体积和重量，才能实现逆变器的小型化和轻量化. 从电力电子学的有关知识可以知道，提高 PWM 逆变器的载波频率可以减少绕组的匝数，减小铁芯的尺寸，所以该方法是实现逆变器小型化和轻量化的最直接途径. 同时，提高逆变器的载波频率也可提高逆变器输出电流的正弦度. 尤其是当 PWM 逆变器的载波频率提高到 20 kHz 以上时，逆变器所产生的电磁噪声超出人的听觉范围，这就使无噪声传动系统成为可能.

但是，硬开关状态下的 PWM 逆变器，在进一步提高其载波频率时，逆变器的开关损耗也会随之增加，系统的效率严重下降，过高的 $\mathrm{d}u/\mathrm{d}t$ 和 $\mathrm{d}i/\mathrm{d}t$ 将产生严重的电磁干扰，功率开关器件开通和关断瞬间的电压和电流尖峰可能使功率开关器件（如 IGBT）的状态运行轨迹超出安全工作区，从而导致功率开关器件的损坏，所以简单地提高硬开关 PWM 逆变器的载波频率是不行的. 只有采用软开关技术才能解决以上问题，并提高系统运行的载波频率，降低逆变器系统的功率损耗和电磁噪声.

PWM 逆变器主电路中的功率开关器件并不是理想器件，其开通和关断不是瞬间完成的，需要一定的时间. 在这段时间里，功率开关器件上存在电压和电流波形的交叠，从而产生了开关损耗（Switching Loss），包括开通损耗和关断损耗. 图 1.1 所示为功率开关器件开通和关断时的电压电流波形，图中的阴影部分就是产生开关损耗的区域. 功率开关器件的导通损耗（Turn-on Loss）和关断损耗（Turn-off

Loss)分别等于在开通和关断时间中功率开关器件的端电压 u_s 和电流 i_s 乘积的积分，即

$$W_{on}=\int_0^{t_{on}}u_s i_s \mathrm{d}t,\ W_{off}=\int_0^{t_{off}}u_s i_s \mathrm{d}t \tag{1.1}$$

所以在一个载波周期中功率开关器件开通和关断的总功率损耗分别为：

$$P_{on}=f_s W_{on},\ P_{off}=f_s W_{off} \tag{1.2}$$

式(1.1)中，t_{on} 为开通时间，t_{off} 为关断时间，式(1.2)中，f_s 为载波频率.

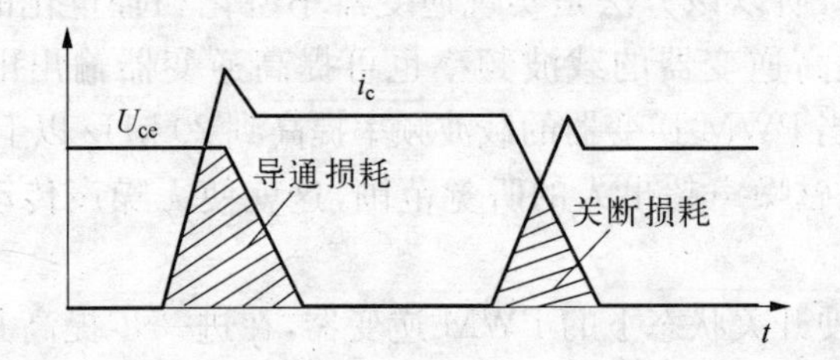

图 1.1　功率开关器件导通和关断时的电压电流波形

由式(1.2)可以看出，功率开关器件的开关损耗与其载波频率成正比，也就是说，随着载波频率的提高，开关损耗将呈线性上升.

另外，工作在高频下的逆变器主电路其功率开关器件上存在寄生电容，电气引线上存在寄生电感. 图 1.2 所示是考虑寄生参数的 PWM 逆变器局部电路图. 受这些寄生参数的影响，使硬开关状态下功率开关器件的运行环境进一步恶化，主要表现在以下方面：

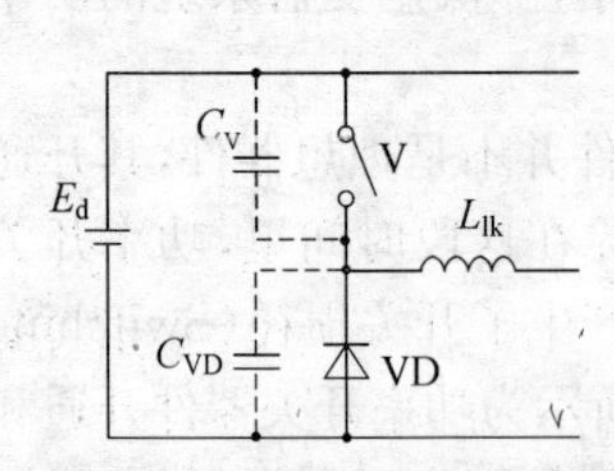

图 1.2　考虑电路寄生参数的逆变器局部电路

(1) 当功率开关器件 V 开通时，其寄生电容 C_V 上的储存能量 $C_V E_d^2/2$ 将通过功率开关器件 V 释放，一方面增

大了开关损耗，另一方面在功率开关器件 V 中产生巨大的尖峰电流；另外，过高的 di/dt 将产生严重的电磁噪声，该噪声会通过密勒(Miller)电容耦合到驱动电路和控制电路中，造成系统工作的不稳定；

(2) 在功率开关器件 V 开通的瞬间，由于续流二极管 VD 反向恢复特性造成电压源 E_d 短路，不仅增大了 V 和 VD 的开关损耗；同时也在 V 和 VD 中产生巨大的尖峰电流，影响功率开关器件 V 和续流二极管 VD 的安全运行. 这时同样会产生很大的 di/dt，形成严重的电磁噪声.

(3) 在功率开关器件 V 关断时，寄生电感 L_{lk} 与寄生电容 C_V 之间产生谐振，在 C_V 上产生过电压，加在功率开关器件 V 的两端，影响 V 的安全运行，同时也增大了功率开关器件 V 的关断损耗. 另外，由于谐振所产生的 du/dt 很大，会产生严重的电磁噪声，对周围的设备形成干扰.

所以，开关损耗的存在限制了载波频率的提高，从而使硬开关 PWM 逆变器的小型化、轻量化也受到了限制.

软开关 PWM 变换技术正是解决以上问题的有效方法. 与硬开关逆变器相反，软开关逆变器中的功率开关器件在零电压(ZVS)或零电流(ZCS)条件下切换，理论上说开关损耗为零. 所以与硬开关逆变器相比，在同一条件下，软开关逆变器可以在较高的载波频率下工作. 同时，软开关技术可以改善功率开关器件的运行环境，提高器件运行的可靠性，降低系统的功率损耗，提高装置的效率，减小逆变器的体积，抑制过高的 du/dt 和 di/dt，有效地防止电磁干扰，降低系统噪声. 所以软开关技术的应用在 PWM 逆变器高频化进程中起着举足轻重的作用.

1.3 软开关电路拓扑的基本结构

功率开关器件开通和关断的电压电流重叠时间靠器件本身是不

能解决的. 通常是通过外电路来解决,这种外电路称为辅助电路. 常用的软开关电路的基本结构有三种[3,32],如图 1.3 所示.

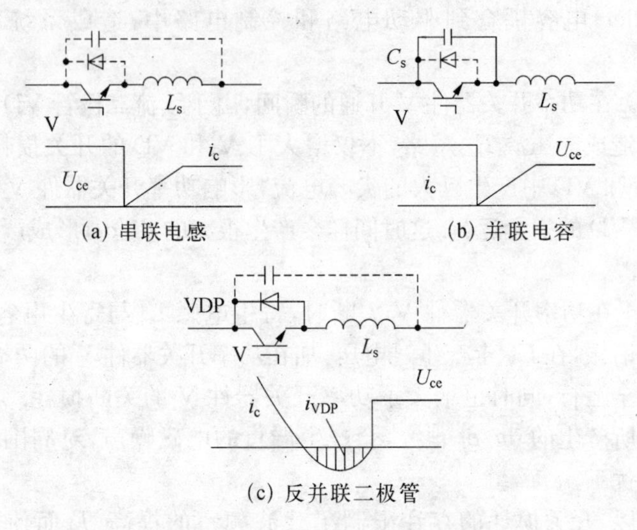

图 1.3　软开关电路的基本结构

(1) 串联电感：图 1.3a 所示串联电感方式是零电流开关(ZCS)的基本结构. 在功率开关器件导通时,由于电感 L_S 上电流不能跃变,所以能抑制 di/dt. 同时消除电压电流的重叠时间,防止开关损耗的产生. 所以功率开关器件在有串联电感时,在任意时刻开通都是 ZCS 软开通. 但是,在功率开关器件关断之前,必须把电感中的能量全部释放掉(电流为零),以确保功率开关器件的安全.

(2) 并联电容：图 1.3b 所示并联电容方式是零电压开关(ZVS)的基本结构. 在功率开关器件关断时由于电容 C_S 上电压不能跃变,所以能抑制 du/dt. 同时也能消除电压电流之间的重叠时间,从而避免产生开关损耗. 因此当功率开关器件并联电容时,在任何时刻关断都是 ZVS 关断. 但在功率开关器件开通之前,要先把电容上的电荷释放完,确保功率开关器件的安全工作.

(3) 反并联二极管：如图 1.3c 所示. 当外电路电流流过与功率开

关器件反并联的二极管时，此时功率开关器件处于零电压、零电流状态，这时开通或关断功率开关器件都是 ZVS、ZCS 软开关动作. 外电路通常由 LC 无源器件、辅助开关器件等谐振电路、辅助电路构成，也有同时采用电感和电容的情况.

另外，串联二极管也能使功率开关器件以零电压、零电流状态开通或关断，但由于串联二极管本身存在导通损耗，所以一般情况下不使用. 软开关 PWM 逆变器的辅助谐振电路就是采用了串联电感的 ZCS、并联电容的 ZVS 和反并联二极管的 ZCS 和 ZVS 功能的不同组合，形成不同的软开关电路拓扑.

1.4 软开关三相逆变器拓扑的发展

为了克服这些硬开关逆变器带来的负面问题，目前国际上多采用软开关(Soft Switching)技术. 所谓"软开关"，就是在功率开关器件上的电压和电流都为零或其中一个为零时进行的开关过程. 软开关技术通常分为零电压开关 ZVS(Zero Voltage Switching)和零电流开关 ZCS(Zero Current Switching)，有时把近似零电压开关与近似零电流开关也称为软开关.

硬开关过程是通过突变的开关过程中断功率流来完成能量的变换过程；而软开关过程是通过电感 L 和电容 C 的谐振，使功率开关器件中电流(或端电压)按正弦或准正弦规律变化，当电流自然过零时使功率开关器件关断，当端电压下降到零时使功率开关器件开通. 由于功率开关器件是在零电压或零电流条件下完成开通和关断的，所以功率开关器件的开通和关断损耗理论上等于零.

在 20 世纪 80 年代初，美国弗吉尼亚电力电子中心(VPEC)李泽元(F. C. Lee)教授等研究人员首先提出谐振开关——软开关概念，并成功地运用在 DC - DC 变换器中，先后推出了准谐振变换器(QRC——Quasi-Resonant Converter)、多谐振变换器(MQR——Multi-Resonant)等一系列电路拓扑，并成功地运用在各种 DC - DC

变换器中.但是,在DC-AC逆变器中,由于多个功率开关器件的工作状态相互影响,使软开关的应用遇到了相当大的困难.

1986年美国威斯康星(Wisconsin)大学D. M. Divan博士提出了"谐振直流环节逆变器(Resonant DC Link Inverter)",这一概念在当时令人耳目一新,并立即引起世界各国电力电子学界的普遍关注.此后,软开关逆变器电路拓扑及其控制策略的研究成为电力电子学领域中非常活跃的研究方向之一,并提出了许多逆变器软开关电路拓扑,新的电路拓扑、新的控制方案层出不穷,至今仍方兴未艾.

目前对软开关谐振变换技术的研究正逐步摒弃转移开关损耗的有损耗缓冲方法,而转向真正减小开关损耗的软开关谐振技术,对原有的硬开关电路拓扑进行改进,使其真正达到无开关损耗或低开关损耗.通常,软开关逆变拓扑大都是在传统硬开关逆变器基础上附加辅助谐振电路(Auxiliary Resonant Circuit)而构成的.该辅助谐振电路可以是仅由无源器件电感和电容组成,也可以包含辅助二极管和(或)辅助功率开关器件.通过控制这些辅助谐振电路,为三相逆变器中的功率开关器件创造软开关动作条件.软开关三相逆变器的电路拓扑形式大致可分为两大类:谐振直流环节逆变器(Resonant DC Link Inverter,简称RDCLI)和极谐振型逆变器(Resonant Pole Inverter,简称RPI).

1. 谐振直流环节逆变器

谐振直流环节逆变器是在原有的硬开关三相逆变器的逆变桥与输入直流电源之间加入一个由辅助功率开关器件、辅助谐振电感和缓冲电容构成的辅助谐振电路,利用电感和电容的谐振为三相逆变器中的功率开关器件提供了软开关动作条件.因此,这种谐振直流环节软开关三相逆变器的直流母线电压与传统PWM逆变器不同,已不再是连续稳定的直流电压,而是被很短的零电压时间所间隔的直流电压.谐振直流环节逆变器的共同特点是,辅助谐振电路结构简单,控制方便,相对成本低等优点.

图1.4是谐振直流环节逆变器的主电路拓扑[33, 34].谐振直流环

节逆变器的谐振环节电压为正弦波,在每一开关周期中有两次自然过零,每次过零时使三相逆变器桥臂上的功率开关器件触发导通,其控制为 DPM(Discrete Pulse Modulation,离散脉冲调制)方式. 基本 RDCLI 的辅助谐振电路结构简单,只用一个电感、一个电容和一个辅助功率开关器件就可以使逆变器工作在软开关状态.

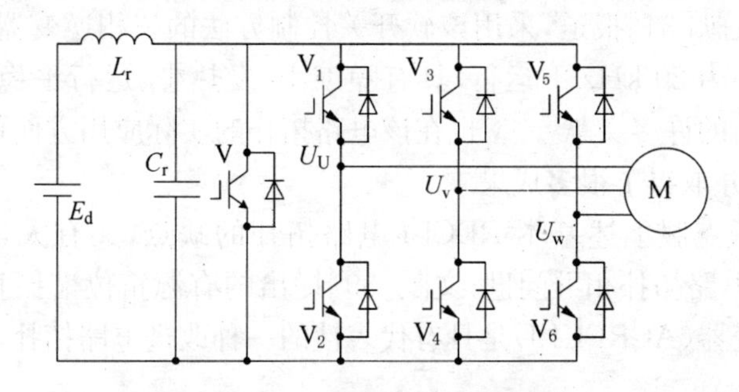

图 1.4　谐振直流环节逆变器

图 1.5 谐振直流环节逆变器等效电路. 文献[33]表明：若辅助谐振电路无任何损耗,只要保证谐振电感预充电电流阈值 I_{L0} 等于该时刻的负载电流 I_L,则谐振电容电压 U_{Cr} 将与无负载电流时一样,是在 $0\sim2E_d$ 间周期性振荡的正弦波,谐振电感电流 i_{Lr} 为平均值等于 I_L 的正弦脉动电流. 然而辅助谐振电路实际上存在一定损耗,为了补偿这部分损耗,因此必须保证 $I_M = I_{L0} - I_L > 0$.

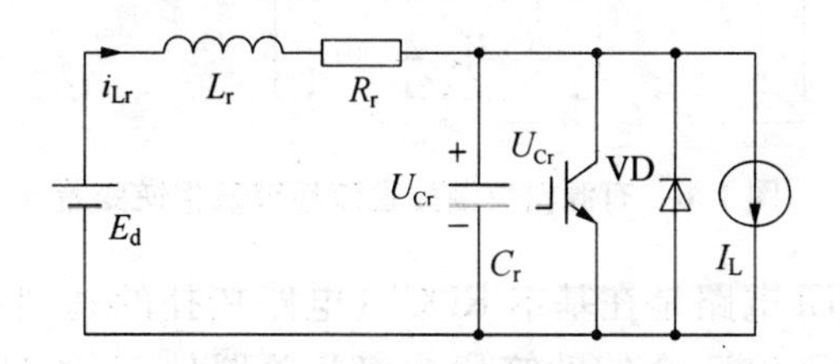

图 1.5　谐振直流环节逆变器等效电路

但是该三相逆变器电路拓扑也存在缺点：① 直流谐振电压过高,谐振电压的峰值一般可达直流电源电压的 2～3 倍,严重时可高达

4～5 倍，大大增加了逆变桥的功率开关器件的电压应力；② 不适合一般的 SPWM 调制，只适合于离散脉冲调制方式(DPM)以及载波为锯齿波的 SPWM 调制；③ 谐振电感串联在直流母线上，所以电感体积大，损耗也大；④ 一旦控制失败就可能由于电流过大而烧坏主电路功率开关器件.

据文献[34]报道，采用该软开关控制方法的三相逆变器系统，在载波频率为 20 kHz 下运行，具有噪声小、发热少、运行平稳等优点. 另外国内的许多文献[35～38]也在该电路拓扑的实际应用方面作了大量的工作，并取得了很多成果.

为了克服上述基本 RDCLI 电路拓扑的缺点，又有大量改进型 RDCLI 电路拓扑相继问世，文献[39]提出的有源箝位谐振直流环节三相逆变器(ACRDCLI)是具有代表性的一种改进电路拓扑，如图1.6所示.

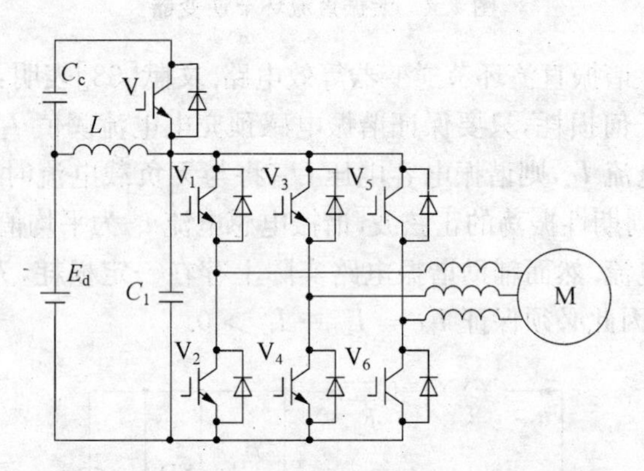

图 1.6　有源箝位谐振直流环节三相逆变器

ACRDCLI 电路是在基本 RDCLI 电路拓扑的基础上，增加了一个箝位电容 C_C 和一个辅助箝位功率开关器件 V，通过辅助箝位功率开关器件和箝位电容的箝位作用，把直流环节谐振电压峰值限制到 1.2～1.4 倍的直流电源电压，从而大大降低了逆变桥功率开关器件的电压应力. 同时，也改善了逆变器功率开关器件开关时刻不准的缺点，使通常的 PWM 控制方式能够使用，降低了谐振电感的损耗. 但是为了实现这种控制策略，需要一个附加电路来检测箝位电容充电期间所增加的净电荷，这在控制上较为复杂，在实际电路中难以实现. ACRDCLI 逆变器的输出控制也要采用离散脉冲调制策略. 另外，ACRDCLI 的谐振脉冲周期远大于 RDCLI 谐振电压脉冲周期，所以 ACRDCLI 在应用各种 PWM 调制策略时将带有更大的时间误差.

国内外许多学者在这方面作了大量研究，文献[40]报道了该电路拓扑在永磁同步机上的应用，并对该电路拓扑进行了详细的理论分析，解决了实际应用中的一些问题. 该系统使用的负载电机为4 kW，载波频率为 18 kHz. 实验证明该软开关拓扑与传统硬开关拓扑相比，具有载波频率高，开关损耗低，系统运行效率高等特点.

图 1.7 所示是电压源箝位谐振直流环节三相逆变器(SVCRDCLI)主电路[41]. 该电路的结构简单，辅助谐振电路中只用了一个功率开关器件 V，利用谐振电感和电容进行谐振，使直流电压为零，并保持一定的时间，为逆变器功率开关器件提供零电压软开关动作所需的时间间隔.

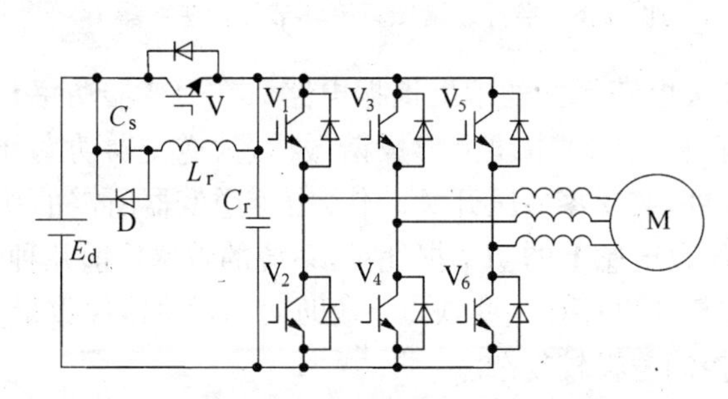

图 1.7　电压源箝位谐振直流环节三相逆变器

上述电路也存在一些缺点：该电路拓扑虽然只用了一个辅助功率开关，并把谐振电压箝位在直流电压 E_d 上，但在实现时，要设定四个谐振电感电流的阈值,增加了系统控制的复杂性;该电路在正常工作时电感电流不为零,电感上的功率损耗降低了系统的效率.

前几种软开关三相逆变器电路拓扑中,谐振电感串联在电路中,逆变器所需功率全部通过谐振电感,所以谐振电感上的功率损耗较大.为了解决这个问题,近年来国内外学者大都集中在研究准并联谐振直流环节三相逆变器电路拓扑.图 1.8 所示是一种准并联谐振直流环节三相逆变器主电路拓扑[42,43].由图可见,逆变器的软开关辅助谐振电路由三个功率开关器件、两个辅助二极管、谐振电感和谐振电容构成.

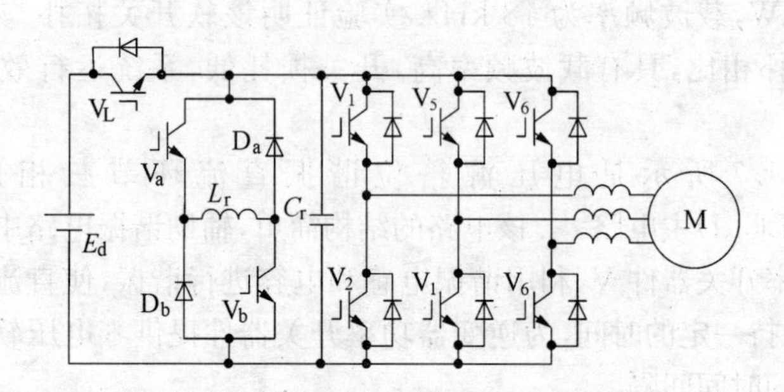

图 1.8 准并联谐振直流环节三相逆变器 I

该软开关电路拓扑的辅助谐振电路只在逆变器功率开关器件动作时工作,在直流母线电压上形成谐振槽,为逆变器功率开关器件提供零电压条件,实现零电压开关动作.由于逆变器所需的功率不通过谐振电感,所以电感上的功率损耗小,系统的效率比前几种电路高.

该电路拓扑也存在一些缺点:辅助功率开关器件数量多,系统成本高;系统控制逻辑较复杂.

图 1.9 所示电路是准并联谐振直流环节三相逆变器的又一种主电路拓扑[44].从图中可以看出,软开关逆变器辅助谐振电路的功率开关器件减为两个,减小了系统的硬件成本,同时实现了逆变器功率开关器件的软开关动作.但这种电路也有一些不足之处,辅助谐振电路

的谐振周期较长，使得直流母线电压的利用率降低. 同时，影响系统的 PWM 调制效果，谐振电感如有剩余电流可能造成软开关过程失败.

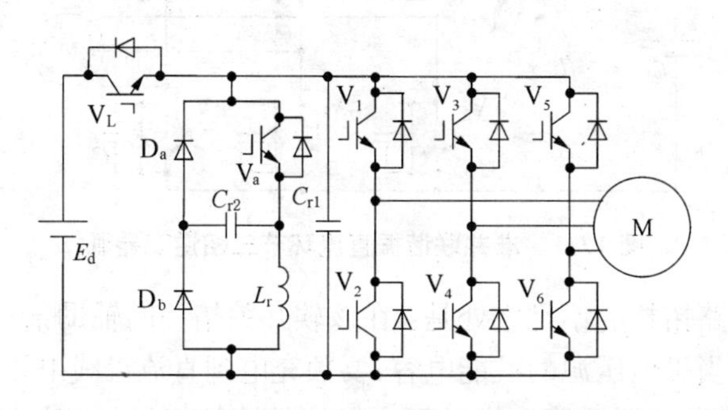

图 1.9 准并联谐振直流环节三相逆变器Ⅱ

图 1.10 所示为准并联谐振直流环节三相逆变器Ⅱ的改进拓扑[45]，对图 1.9 所示电路拓扑的不足之处进行了改进，并取得了较好的效果，保持了原电路的优点. 但在辅助谐振电路中用了一个磁耦合电感，使得参数匹配较为复杂，电路设计相对困难.

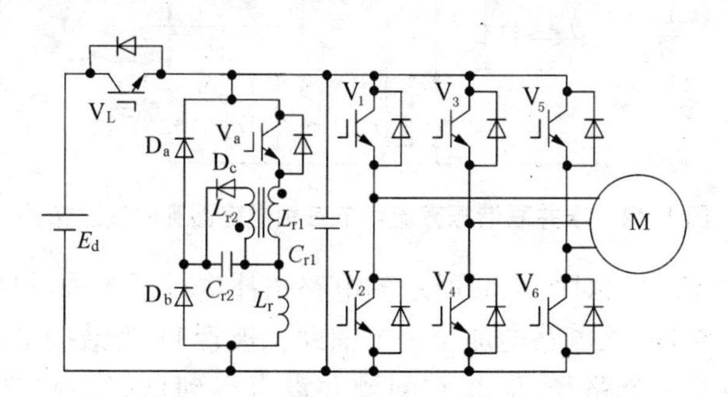

图 1.10 准并联谐振直流环节三相逆变器Ⅱ的改进拓扑

图 1.11 所示是另一种准并联谐振直流环节三相逆变器的主电路拓扑[46,47]. 该电路拓扑具有图 1.8 所示电路的所有优点，并且辅助谐振电路中的功率开关器件减少为二个，降低了系统的成本，系统控制也较为简单.

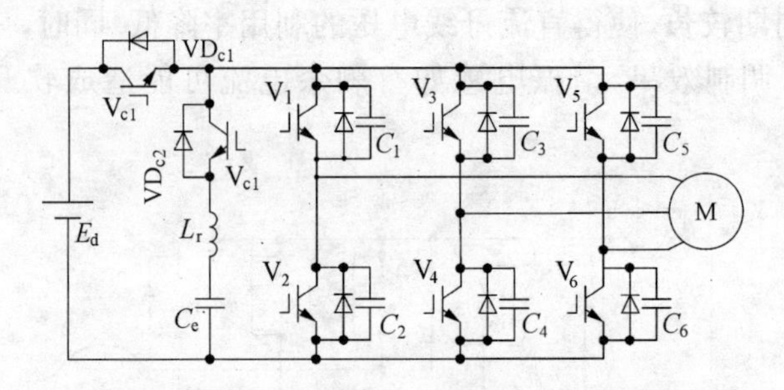

图 1.11　准并联谐振直流环节三相逆变器Ⅲ

该电路拓扑的不足之处是：在该软开关拓扑的辅助谐振电路中，有一个相当于恒压源的贮能电容，要预充电到直流母线电压的 1/2 以上，并要在逆变器电路工作过程中保持足够的能量，这对控制来说较为困难；谐振电感的贮能不能完全释放也是一个需要解决的问题.

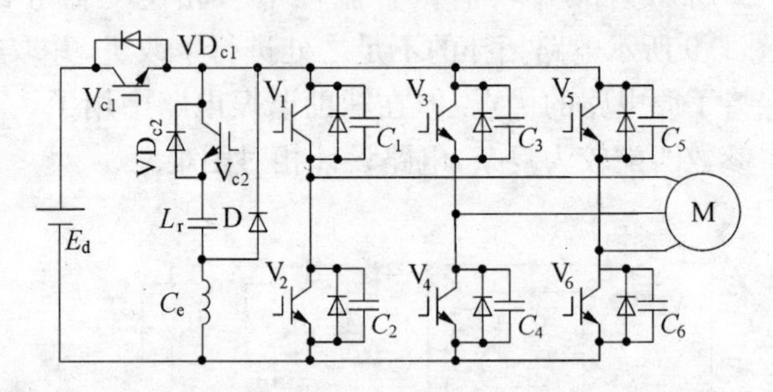

图 1.12　准并联谐振直流环节三相逆变器Ⅲ的改进拓扑

文献[48,49]对图 1.9 所示的电路拓扑进行了改进，提出了如图 1.12 所示结构. 该电路增加了一个辅助二极管 D，为谐振电感的能量释放提供了一个路径. 但其它问题并没有得到良好的解决. 在文献[49]中，对该改进的准并联谐振直流环节软开关拓扑在实际中的应用作了介绍，在可逆调速电动机系统中，使整流桥、逆变桥及辅助谐振电路的功率开关器件都以软开关方式动作，提高系统的运行效率，使电动机实现四象限运行，能量可双向流动.

由图 1.8 到图 1.12 可以看出，并联谐振直流环节逆变器简化了辅助谐振电路的结构，该电路拓扑有以下共同特点：① 电路中所有功率开关器件的电压应力均为直流电源电压；② 辅助谐振电路的开关动作均在零电压或零电流条件下进行；③ 谐振电感不在直流母线上，仅仅是用作谐振过零时的储能元件；④ 谐振可以在任何时刻进行，过零时间可以控制，便于与控制策略同步；⑤ 电路结构简单，辅助电路采用的功率开关器件较少. 但由于其直流母线上通常串联有一个辅助功率开关器件，在逆变器正常运行时，该功率开关器件处于常开通状态，所以导致谐振直流环节逆变器的导通损耗相对较大.

2. 极谐振型逆变器

极谐振型逆变器的辅助谐振电路接在逆变器的三个输出端上，所以辅助谐振电路由原来的一组变为三组，每一相桥臂都配置一组，通过辅助谐振电路的谐振，直接为逆变器功率开关器件创造 ZVS 开通或 ZCS 关断的条件. 通常在极谐振型逆变器中对每一相辅助谐振电路的操作都是完全独立的.

图 1.13 所示是基本三相极谐振型逆变器主电路拓扑[50]. 这种逆变器的基本工作原理是直接控制谐振电感的电流，所以也称之为准谐振电流模式逆变器（Quasi-Resonant Current Mode Inverter，QRCMI），是比较简单的三相极谐振型逆变器.

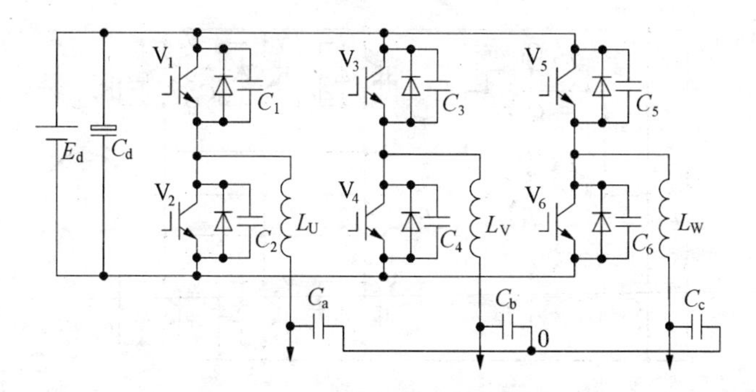

图 1.13　基本三相极谐振型逆变器

从图中可以看出，准谐振电流模式逆变器是一种比较简单的极谐振逆变器，电路拓扑结构简单，在逆变桥每一个桥臂只增加一个谐振电感和电容构成辅助谐振电路，通过电感和电容的谐振为逆变器桥臂上的功率开关器件提供零电压转换的条件．由于 QRCMI 采用了极谐振形式，因此逆变器的每一相桥臂的工作完全独立于其它两相，而这一点在谐振直流环节逆变器中是一个令人困扰的问题，所以控制较为方便．另外 QRCMI 逆变电路及其所有的极谐振型逆变电路都不存在短路直流母线的操作，直流母线上是连续稳定的电压，因此这种软开关逆变器具有更高的可靠性．其缺点是：为实现逆变器功率开关器件的软开关动作，电感电流要足够大，若电感电流较小时，谐振就不能正常进行，就不能为逆变器功率开关器件提供软开关工作条件，所以该电路的负载能力受到了限制；逆变器的功率开关器件的电流峰值是负载电流的 2～2.5 倍，功率开关器件的电流应力较大；由于其控制方式和结构形式，该拓扑不适合于在交流传动系统中应用．

图 1.14 是辅助谐振变换极 PWM 逆变器(ARCPI)的主电路拓扑[51～53]．从图中可以看出，逆变器三相桥臂上分别有一套辅助谐振电路．在逆变桥每一个功率开关器件上都并联一个缓冲电容，为功率开关器件的关断提供零电压条件，另一方面与谐振电感共同构成谐振

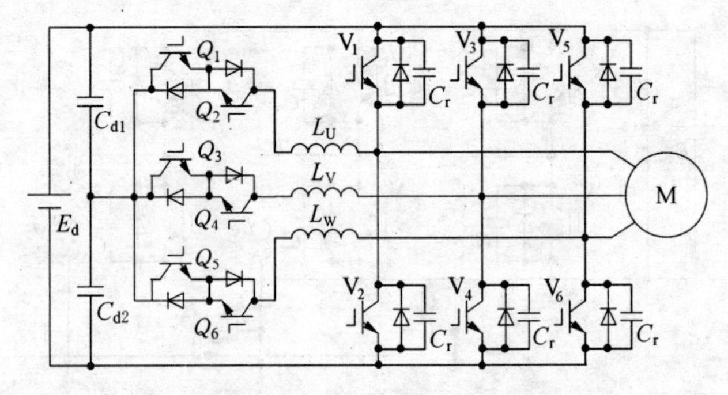

图 1.14　ARCPI 三相逆变器

电路;谐振电感与辅助功率开关器件构成辅助谐振换流电路,与缓冲电容谐振不仅给逆变器桥臂上的功率开关器件提供零电压开通条件,还在逆变桥臂上的功率开关器件换流到续流二极管时,因负载电流小,不足以完成这一换流,辅助谐振电路通过谐振帮助实现此软开关换流过程.

ARCPI 电路拓扑具有很明显的优点:① 逆变器功率开关器件的软开关操作与负载变化无关,所以可以采用较大的缓冲电容,从而更有效地降低功率开关器件的损耗,提高逆变器工作的效率;② 逆变器桥臂上的功率开关器件及续流二极管承受的电压就是输入直流电压,通过的电流为负载电流,因此功率开关器件的电压、电流应力较低;③ 在逆变器电路的整个工作过程中不需要较大的环流能量存在,减小了电路的导通损耗;④ 辅助功率开关器件的电流可能会较高,但由于其开关过程是在零电流条件下完成的,且与整个开关周期相比,谐振过程占用的时间极短,所以其产生的开关损耗对总损耗的影响微乎其微.该软开关电路拓扑也有其不足之处:① 辅助谐振电路功率开关器件数量较多,虽然设计的自由空间较大,但增加了系统控制的复杂性,同时使硬件成本高;② 电路中需要两个较大的电容器,增加了整个逆变器装置的体积和重量.

图 1.15 是零电压转换三相 PWM 逆变器(ZVTI)主电路拓扑[54].该电路拓扑是采用 6 步 PWM 或状态空间调制的控制策略.ZVTI 逆变器电路拓扑几乎保持了ARCPI逆变器电路拓扑的所有优点,使逆变器桥臂上的功率开关器件实现零电压软开通,续流二极管实现软关断.与常规的硬开关逆变器相比,大大降低了逆变器功率开关器件的开关损耗,同时排除了续流二极管的反向恢复问题,而且在此过程中并没有增加功率开关器件的电压电流应力.辅助谐振功率开关器件也是在零电流下完成开通和关断的,且辅助谐振电路的工作时间与一个开关周期相比非常短,所以辅助谐振变换电路所增加开关损耗对整个逆变电路的效率影响非常小.同时辅助谐振变换电路得到了大大的简化,仅采用一个辅助换流开关,因此相应

地也简化了对辅助谐振变换电路的控制. ZVTI 逆变器电路拓扑也存在不足之处：三个桥臂的工作不是独立，而是相互关联、相互耦合的，所以在采用 PWM 控制策略时受到一定的限制，只能采用六步 PWM 调制、状态空间调制或载波为锯齿波的三相 SPWM 调制方式.

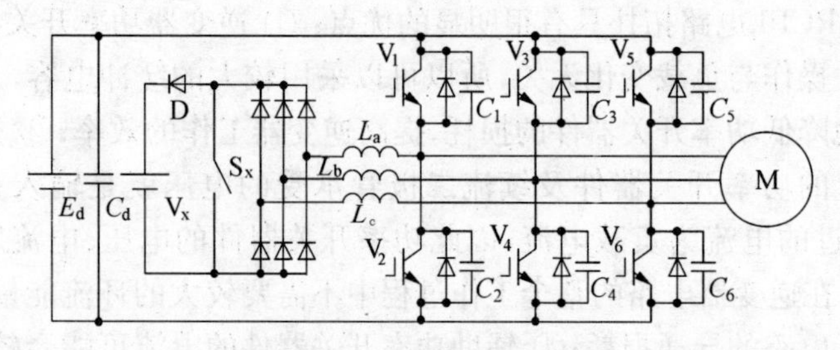

图 1.15　ZVTI 三相逆变器

图 1.16 所示是带有耦合电感的 ZVT 三相逆变器主电路拓扑[55,56]. 该拓扑的辅助谐振电路仅采用了两个辅助功率开关器件，使得逆变桥功率开关器件完全在零电压条件下开通，两个辅助功率开关器件也在零电流条件下关断. 明显地降低了系统的功率损耗. 另外，辅助功率开关器件的电流仅为负载电流的一半. 但是该逆变器电路拓扑也存在不足之处：当系统的 PWM 脉冲宽度较窄时，可能使谐振电感的剩余能量不能全部回馈到直流电源，也直接影响逆变器效率的提高；系统中耦合电感使得电路设计比较复杂.

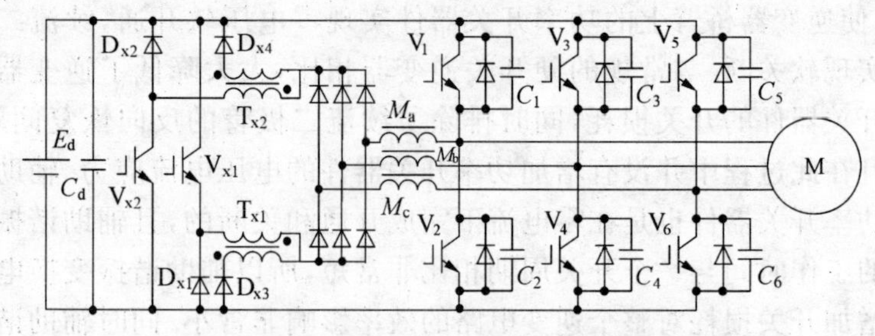

图 1.16　带有耦合电感的 ZVT 三相逆变器

Y-Snubber 极谐振型三相逆变器是在 ARCPI 电路之后推出的又一种新型主电路拓扑[57,58]，如图 1.17 所示. 该拓扑是通过谐振电感和缓冲电容组成的谐振网络，为功率开关器件创造软开关动作条件. 该拓扑保持了图 1.15 所示电路的优点，但辅助谐振电路采用了三个功率开关器件，使系统成本相对较高. 该拓扑结构也存在一些不足之处：逆变器三相桥臂之间存在耦合作用，工作状态相互影响；Y-Snubber 电路接法形成一个浮动中点，该中点可能会由于负载反电势的影响产生过电压，辅助功率开关器件的安全运行.

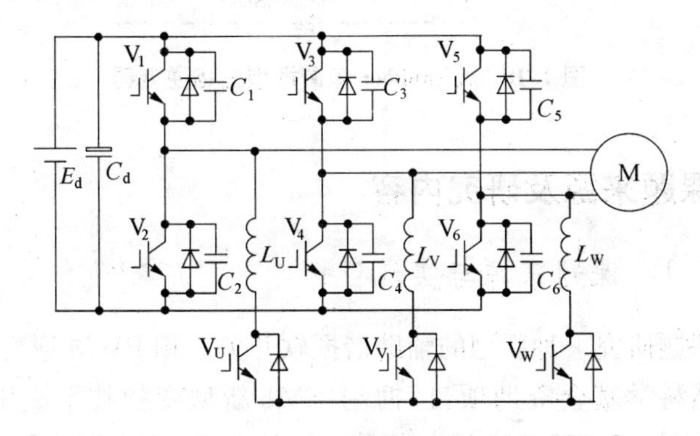

图 1.17　Y-Snubber 极谐振型三相逆变器

图 1.18 所示为 Δ-Snubber 极谐振型三相逆变器主电路结构[59]. 该拓扑是在保持 Y-Snubber 极谐振型三相逆变器全部特性的基础上，去掉了辅助谐振电路的浮动中点，从而使得电路设计更加合理. 从图 1.17 中看出，每一个辅助谐振电路均由谐振电感、辅助功率开关器件及二极管串联构成. 二极管主要是起反向阻断作用，不允许电路中电流反向流动. 该电路的缺点是：电路控制中，需要根据电流的方向控制辅助谐振电路的工作，有时只需使一个辅助功率开关动作即可，但有时必须使两个辅助功率开关器件同时工作，使得辅助谐振电路的控制逻辑电路设计复杂；辅助功率开关器件需要频繁动作.

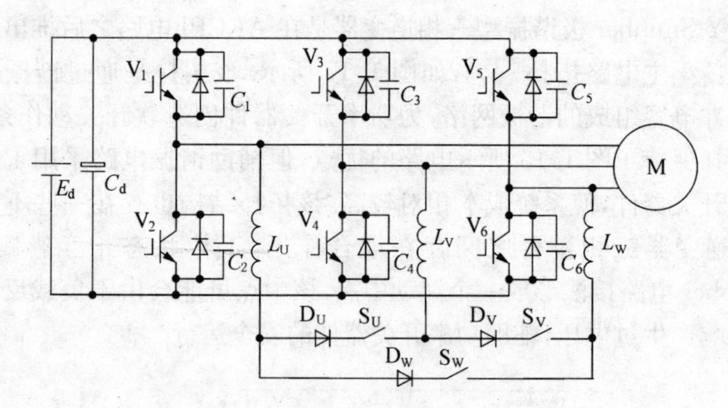

图 1.18　Δ-Snubber 极谐振型三相逆变器

1.5　课题来源及研究内容

1.5.1　课题来源与实现目标

本课题研究一种新型的辅助谐振软开关三相 PWM 逆变器，它是国家自然科学基金资助项目《抑制 EMI 新型变频技术应用基础研究》(批准号：59977012)的一部分——软开关三相 PWM 逆变器的研究.

21 世纪的电力电子产品应该是无公害或低公害的“绿色”产品，因此如何在变频技术应用领域实现这一目标具有十分重要的现实意义. 本研究课题的目标是探讨一种结构简单、控制方法相对简便的软开关三相逆变器的主电路拓扑，深入分析软开关电路的工作机理，研究系统相应的控制策略，建立起实现软开关 PWM 逆变器的正常工作的实验平台.

1.5.2　主要研究内容

1. 提出一种新型的辅助谐振软开关三相 PWM 逆变器主电路拓扑结构，建立起系统控制的动态数学模型，探讨在本电路拓扑下实现零电压软开关动作的工作机理、谐振条件，建立其相应的控制策略，为实验研究奠定理论基础.

2. 详细研究本电路拓扑结构 LC 参数对谐振槽形状的影响. 探讨谐振电路参数、负载电流及谐振时间之间的关系，并对软开关三相逆变器主电路拓扑结构及参数选择进行计算机仿真研究，确立合适的谐振控制规律.

3. 硬开关 PWM 工作方式下，逆变器的磁链运动轨迹由零电压矢量 V_0(000)和 V_7(111)来调节；软开关 PWM 工作方式下，随着电流极性的变化，空间电压矢量的排序和作用时间发生了很大变化，有时甚至没有零电压矢量，从而使传统的零空间电压矢量调节磁链运动轨迹的观念受到挑战. 本文在研究中探索出此时磁链轨迹运动轨迹的调节方式，从本质上揭开了零电压开关 PWM 模式的内在实质，并由此提出改进轨迹圆的方法，有效地提高了低频时输出电流波形的正弦度.

4. 三相 PWM 调制中含有 V_0(000)、V_7(111)两个零电压矢量，该零电压矢量使负载与直流侧电源失去能量耦合关系，主电路无法实现谐振. 为了实现逆变器的软开关动作，对系统控制的 PWM 调制模式进行了深入研究，提出了采用正负斜率交替的锯齿波为载波，解决了软开关辅助电路的谐振问题. 针对系统输出电流突变问题，对电流波形成功地进行了补偿，提高逆变器输出电流的正弦度.

5. 建立系统实验平台. 在上述研究理论指导下，设计系统硬件原理图和系统控制软件，制作基于 TMS320LF2407A DSP 为控制核心的硬件实验平台.

6. 作为本研究的发展和深化，进一步提出了一种 ZVT 软开关三相 PWM 逆变器电路拓扑，可进一步提高逆变器系统的效率. 建立起新系统控制的动态数学模型，研究实现零电压软开关动作的工作机理和谐振条件，确立了系统的控制策略. 对系统拓扑结构的参数进行数字仿真研究，验证所提控制方案的正确性，得到系统最佳控制方式，优化系统电路参数，为进一步的实验研究奠定理论支持.

第二章　新型辅助谐振软开关三相 PWM 逆变器工作原理

本文提出了一种新型的辅助谐振软开关三相 PWM 逆变器拓扑结构，该软开关拓扑属于谐振直流环节逆变器. 研究工作主要包括三方面：① 三相 PWM 逆变器软开关工作的理论研究，进行软开关三相 PWM 逆变器主电路拓扑结构构想，分析其软开关工作机理，进行计算机仿真研究，建立软开关三相 PWM 逆变器的数学模型及控制策略；② 对该电路拓扑进行实验研究，建立系统实验平台，研究对软开关三相 PWM 逆变器的控制方法；③ 对软开关逆变器系统所出现的问题进行理论分析，提高逆变器的性能.

本章中主要对提出的新型辅助谐振软开关三相 PWM 逆变器拓扑结构进行理论研究，分析三相 PWM 逆变器软开关动作的模式，进行系统的仿真研究，通过数学分析建立系统的控制策略.

2.1　软开关三相 PWM 逆变器主电路结构

图 2.1 为软开关三相 PWM 逆变器的主电路结构[60,61]，其中右虚线框中为 DC－AC 逆变器，左虚线框中为零电压开关 ZVS 谐振电路. 图中，IGBT 功率开关器件 $V_1 \sim V_6$ 和二极管 $VD_1 \sim VD_6$ 构成三相 PWM 逆变桥，V_{C1}、V_{C2}、VD_{C1}、VD_{C2}、电感 L_r 及电容 C_{d1}、C_{d2} 构成辅助谐振电路. 逆变桥中，每一个功率开关器件上都并联一个缓冲电容器，分别为 $C_1 \sim C_6$，容量均为 C_S. E_d 为逆变器的输入直流电源. 由于逆变桥上的每一个功率开关器件上都并联有缓冲电容，而电容电压不能突变，所以功率开关器件在任何时刻关断都是以 ZVS 软关断. 这样，要实现逆变器的软开关动作，只要能使逆变桥上的所有功率开

关器件以及辅助谐振电路的功率器件实现软开通动作即可.

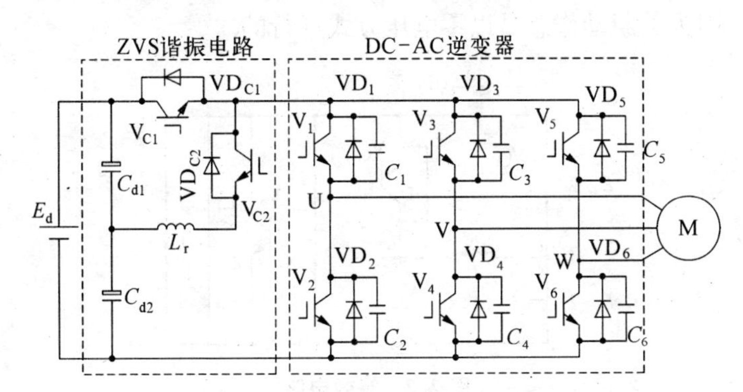

图 2.1　软开关三相 PWM 逆变器主电路结构

2.2　软开关三相 PWM 逆变器工作机理

2.2.1　软开关三相 PWM 逆变器的等效电路

为了说明软开关三相 PWM 逆变器电路拓扑的软开关动作原理，将图 2.1 的软开关电路用图 2.2 所示的等效电路来表示. 由于在任一载波周期中，三相 PWM 逆变器每一相桥臂的功率开关器件总有一个处于开通状态，处于关断状态的三个功率开关器件等效并联在直流母线上，所以在图 2.2 中，用 V_S、VD_S 和 C_r 分别表示逆变器中的功率开关器件、续流二极管和缓冲电容. 由于三相 PWM 逆变器的载波频率远远高于逆变器的输出频率，因此可以认为在一个载波周期内，逆变器的输出电流基本不变，从而用恒流源 I_L 来表示逆变器的输出电流，也可以认为 I_L 是直流母线电流. 另外，由于电容 C_{d1}、C_{d2} 的容量很大，可以认为在一个载波周期里 C_{d1}、C_{d2} 上的电压基本恒定，所以图 2.2 中分别用两个 $E_d/2$ 来表示 C_{d1}、C_{d2} 上的电压. C_r 是等效缓冲电容，因为三相逆变桥上下桥臂功率开关器件总有一方导通，与之并联的缓冲电容将被短路，使剩下的三个缓冲电容并联在一起，因此在图 2.2 中取 $C_r=3C_s$. 只要在 C_r 上的电压 U_{Cr} 为零期间，三相逆变桥上的功率开关器件开通，就可以实现整个主电路功率开关器件的软开关动作. 因为关断动作总是以零电压方式进行的.

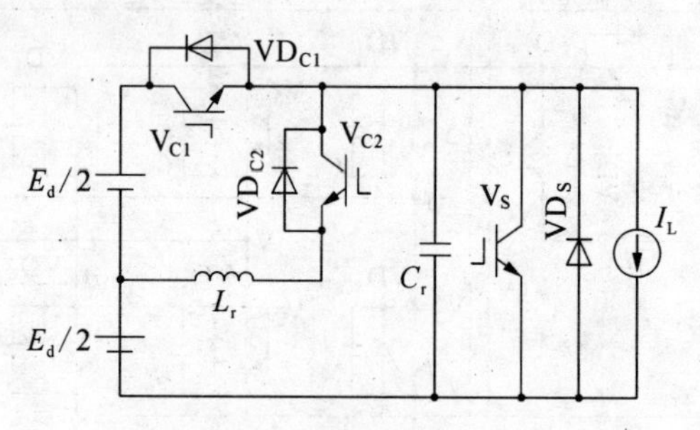

图 2.2　等效电路

2.2.2　软开关三相 PWM 逆变器的动作模式分析[61～63]

根据图 2.2 所示的等效电路，对三相 PWM 逆变器的软开关工作过程进行分析，共由 9 个模式组成. 图 2.3 为软开关谐振的动作时序图，图中，V_{C1}（DRIVE）、V_{C2}（DRIVE）为功率开关器件 V_{C1}、V_{C2} 的驱

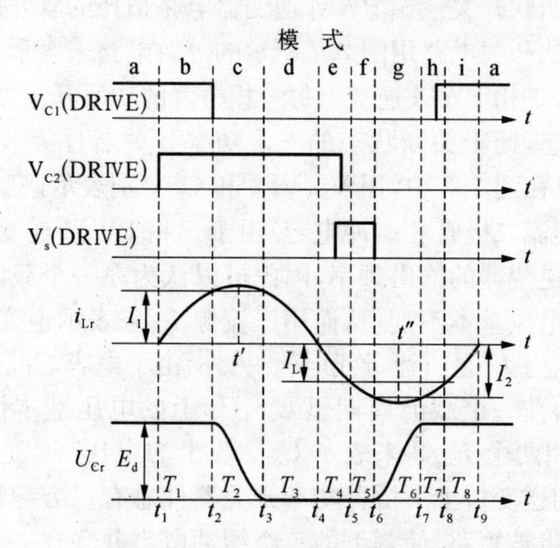

图 2.3　软开关谐振的动作时序

动信号；V_s(DRIVE)为使上下桥臂短路的驱动信号；i_{Lr}为电感 L_r 的谐振电流；U_{PN}为直流母线间电压.

图 2.4 为软开关谐振的动作模式图. 由于整个软开关谐振时间跨在两个载波周期中，而逆变器直流母线等效电流 I_L 的方向在锯齿载波垂直沿前后是不同的(见图 2.12 和图 2.13)，所以图 2.4 中逆变器的负载电流 I_L 在不同的模式中不同.

模式 a ($\sim V_{C1}=\text{on}$)：($\sim t_1$)

稳态时功率开关器件 V_{C1} 导通，直流电源 E_d 和负载进行能量交换，从图 2.3 中模式 a 可见，负载电流 I_L 是通过 VD_{C1}进行续流. 此时 $i_{Lr}=0$，$U_{Cr}=E_d$.

模式 b ($V_{C2}=\text{on}\sim V_{C1}=\text{off}$)：($t_1\sim t_2$)

在 t_1 时刻让功率开关器件 V_{C2} 开通，由于电感电流 i_{Lr}不能突变，所以谐振电感 L_r 的电流 i_{Lr}从零开始增加，显然 V_{C2} 的开通是以 ZCS 方式进行的. 此时负载电流 I_L 一方面给谐振电感 L_r 充电，另一方面通过 VD_{C1}进行续流. 当谐振电感电流 $i_{Lr}=I_1$(I_1 为设定值，$I_1>I_L$)时，关断 V_{C1}，模式 b 结束，进入下一模式.

模式 c ($V_{C1}=\text{off}\sim VD_s=\text{on}$)：($t_2\sim t_3$)

在 t_2 时刻关断功率开关器件 V_{C1}，由于此时谐振电容 C_r 上的电压等于 E_d，所以功率开关器件 V_{C1} 的关断是以 ZVS 方式进行的. V_{C1} 关断后，谐振电感 L_r 与缓冲电容 C_r 产生谐振，缓冲电容 C_r 上的电荷经谐振电感 L_r 释放，电容电压 U_{Cr}逐渐下降. 当电容电压 $U_{Cr}=0$ 时，续流二极管 VD_s 导通.

模式 d ($VD_s=\text{on}\sim VD_{C2}=\text{on}$)：($t_3\sim t_4$)

此时，三相 PWM 逆变器主电路的功率开关器件进行换相，导致逆变器直流母线上电流 I_L 的方向换向，通过续流二极管 VD_s 进行续流. 在该模式中逆变器直流母线的电压 $U_{PN}=U_{Cr}=0$，所以，逆变器的功率开关器件实现了 ZVS 开通. 由于 VD_s 的导通，谐振电感 L_r 也通过 VD_s 进行续流，所以 L_r 的能量转移到电源下侧的 $E_d/2$ 上，i_{Lr}逐渐减小，直至 $i_{Lr}=0$.

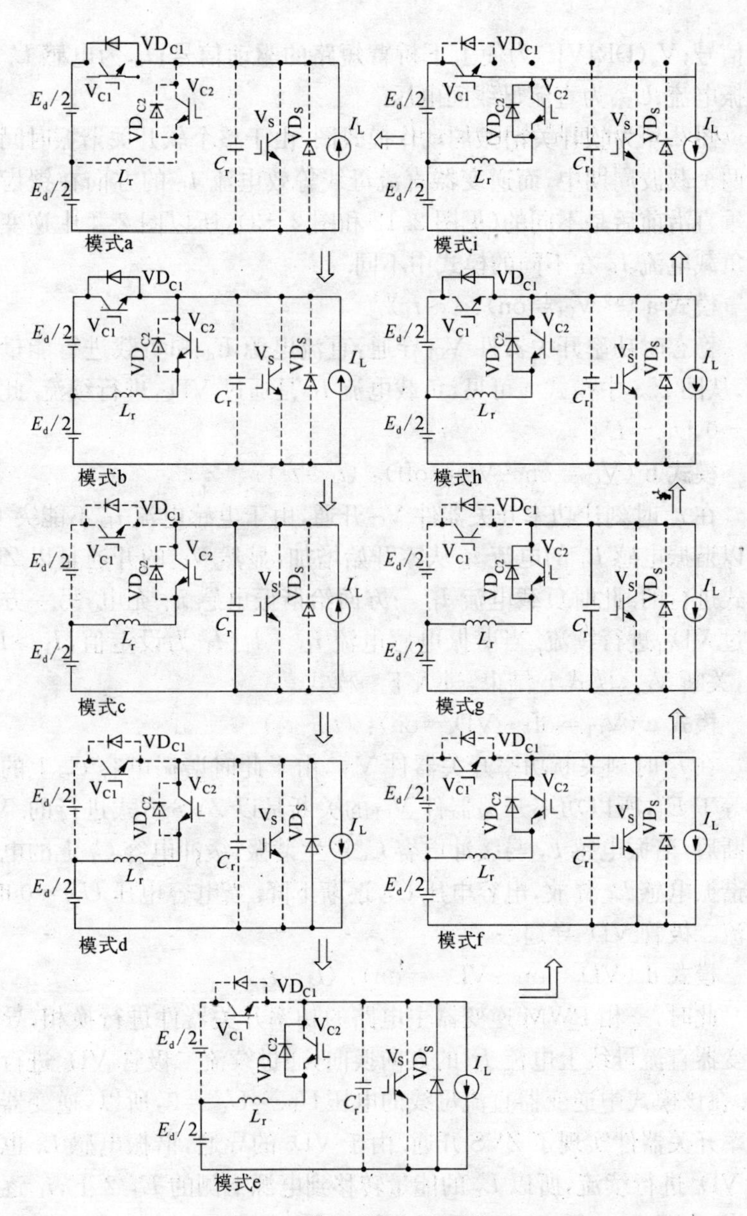

图 2.4　软开关谐振的动作模式

模式 e（VD_{C2}＝on～VD_s＝off，V_s＝on）：（t_4～t_5）

直流电源下侧的 $E_d/2$ 经二极管 VD_{C2} 向谐振电感 L_r 积蓄电能．由于谐振电感 L_r 上施加有 $E_d/2$ 电压，方向与模式 b 时恰好相反，所以谐振电感电流 i_{Lr} 方向发生颠倒，且逐步增大．在此期间让功率开关器件 V_{C2} 关断，显然该动作是在 ZVS 方式下进行的．在 t_5 时刻，谐振电感电流 i_{Lr} 等于负载电流 I_L，续流二极管 VD_s 关断．

模式 f（VD_s＝off，V_s＝on～V_s＝off）：（t_5～t_6）

为了使后面的谐振能完整进行，必须给功率开关器件 V_s 以瞬间短路，使谐振电感 L_r 继续施加 $E_d/2$ 电压，谐振电感电流 i_{Lr} 继续增大，进一步存贮能量．

模式 g（V_s＝off ～VD_{C1}＝on）：（ t_6～t_7）

在 t_6 时刻，谐振电感电流 i_{Lr} 等于设定值 I_2，关断功率开关器件 V_s，则缓冲电容 C_r 和谐振电感 L_r 间又发生谐振．功率开关器件 V_s 的开通与关断都是在母线间电压为零时进行的，故其开关动作属于 ZVS 动作．由于 $i_{Lr}>I_L$，谐振电感电流 i_{Lr} 开始向缓冲电容 C_r 充电，直至缓冲电容上的电压 $U_{Cr}=E_d$，即直流母线电压达到直流电源电压 E_d．

模式 h（VD_{C1}＝on～VD_{C1}＝off，V_{C1}＝on）：（t_7～t_8）

缓冲电容 C_r 停止充电，二极管 VD_{C1} 开通，谐振电感 L_r 中多余的能量返回直流电源．此时让功率开关器件 V_{C1} 开通，显然 V_{C1} 的动作是以 ZVS 方式进行的．谐振电感 L_r 的电流在向电源回馈过程中逐渐减小．

模式 i（VD_{C1}＝off，V_{C1}＝on～VD_{C2}＝off）：（t_8～t_9）

当谐振电感电流 $i_{Lr}<I_L$ 时，二极管 VD_{C1} 关断，直流电源 E_d 经 V_{C1} 后与谐振电感电流 i_{Lr} 共同向负载 I_L 提供电流．直至谐振电感电流 $i_{Lr}=0$ 时，负载电流 I_L 完全由直流电源 E_d 提供为止．

2.2.3　载波形式的选择[65～67]

1. 三角载波调制方式在实现软开关时的缺点

图 2.1 所示软开关三相 PWM 逆变器电路拓扑中，如果采用传统的三角载波调制方式，则逆变桥上功率开关器件的动作波形如图 2.5

所示. 由图可以看出，在每一个载波周期中，逆变桥上功率开关器件的开通位于三个不同的时刻，如图中 t_1、t_2、t_3 所示. 其结果是软开关辅助谐振电路必须在这三个不同时刻产生谐振，即在一个载波周期中直流母线电压要三次回零，形成三个谐振槽，这将使得母线电压得不到充分利用. 随着三角载波频率的提高，直流母线间谐振槽的个数将成比例增加，母线上直流的利用率也就成比例下降. 另一方面，由于 t_1、t_2、t_3 三个时刻随调制波的大小而改变，造成同一相的功率开关器件的开通时刻在不同载波周期中的位置是不固定的，这给系统控制 ZVS 谐振带来极大不便，也会给输出电流波形造成不良影响. 另外，由于逆变桥三相功率开关器件的开通时刻不同，辅助谐振电路的开关频率将是载波频率的 3 倍，这样辅助谐振电路的功率损耗也将增加到 3 倍. 如果逆变器的载波频率为 10 kHz，则辅助谐振电路的开关频率将高达 30 kHz.

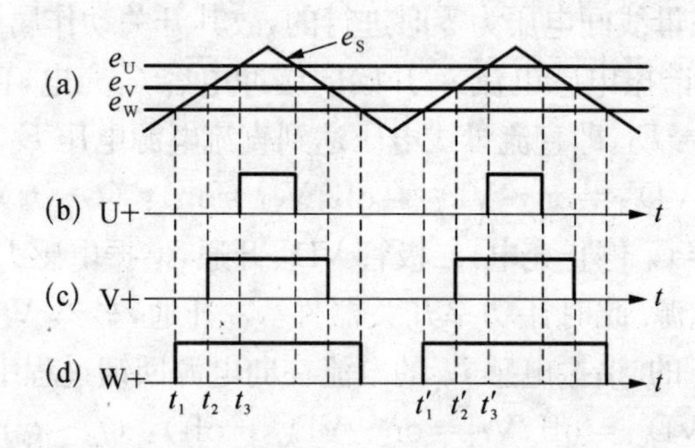

图 2.5　三角载波调制下功率开关器件的动作波形

由以上可以看出，传统的三角载波调制方式对图 2.1 所示三相 PWM 逆变器主电路拓扑实现软开关动作存在一定的局限性.

2. 锯齿载波调制方式

由于以上原因，在本控制方案中采用了锯齿波作为载波，如图 2.6所示，并把图 2.6 中的锯齿载波称为正斜率锯齿波，由图 2.6 可知，U、V、W 三相上桥臂功率开关器件都是在锯齿载波的垂直沿处开通，其关断时刻是在锯齿载波的斜边与三相调制信号的相交点. 所以要实现 ZVS 软开通，只要在锯齿载波垂直沿处控制辅助谐振电路工作，产生一个谐振槽，在直流母线电压为零期间，使三相逆变桥上的功率开关器件开通，就能确保三相功率开关器件的开通动作都能落在谐振槽中，从而实现功率开关器件的软开通动作. 由于直流母线上电压在一个载波周期中只出现一个谐振槽，这不但提高了直流母线电压的利用率，同时辅助谐振电路的功率损耗也比传统的三角载波方式减少到 1/3. 虽然三相逆变桥上功率开关器件的关断时刻不固定，但由于主电路中每一个功率开关器件上都并联有缓冲电容器，所以逆变桥上的功率开关器件在任何时刻关断都是以 ZVS 方式关断.

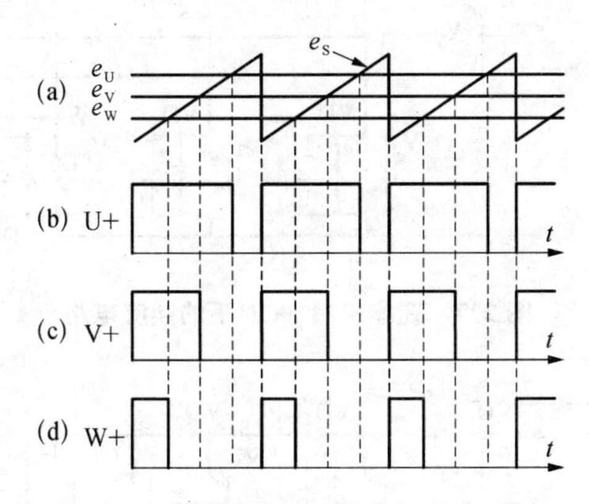

图 2.6　正斜率锯齿载波调制下的动作波形

但是如果仅采用图 2.6 所示的正斜率锯齿波调制，则 U、V、W 三相上桥臂功率开关器件的驱动信号分别如图 2.6 中曲线 b～d 所示. 可以看出，在正斜率锯齿载波垂直沿前，三相上桥臂功率开关器件的驱动信号处于 000 矢量状态，即全关断状态，设此时电机的三相电流极性为 $i_U>0$、$i_V>0$、$i_W<0$，如图 2.7 所示方向. 由于电容 C_{d1} 和 C_{d2} 的容量很大，在一个载波周期内可以认为其两端电压基本不变，所以在图 2.7 中都等效为 $E_d/2$. 此时三相电流通过续流二极管 VD_2、VD_4 及功率开关器件 V_6 进行续流，逆变器主电路中的能量与辅助谐振电路不发生交换，没能参与辅助谐振电路的工作，所以

不能满足软开关的谐振条件，谐振不能正常进行. 反之，在正斜率锯齿波垂直沿后，三相上桥臂功率开关器件处于 111 矢量状态，即全导通状态. 此时逆变器输出的三相电流通过功率开关器件 V_1、V_3 及续流二极管 VD_5 进行续流，如图 2.8 所示. 同样，由于逆变器主电路中的能量与辅助谐振电路不发生交换，同样也不满足软开关谐振条件，使谐振不能正常进行.

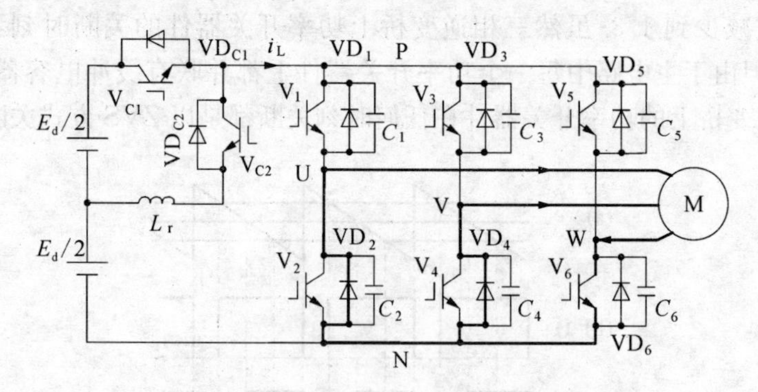

图 2.7　在零矢量(000)下的换流电路

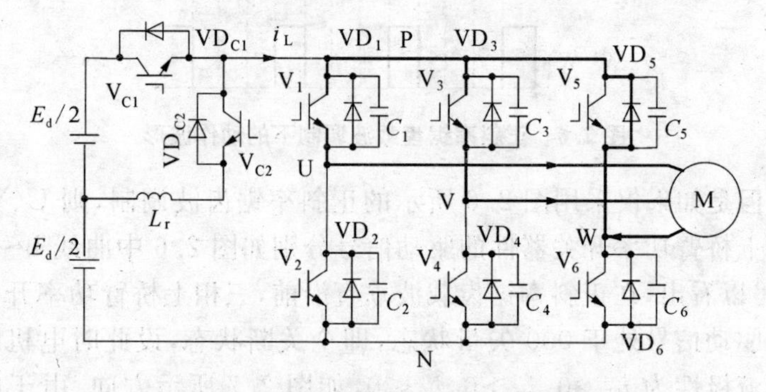

图 2.8　在零矢量(111)下的换流电路

同理，如果仅采用图 2.9 所示的负斜率锯齿波为载波进行调制(图中的锯齿载波称为负斜率锯齿波)，同样也不能满足软开关的谐振条件.

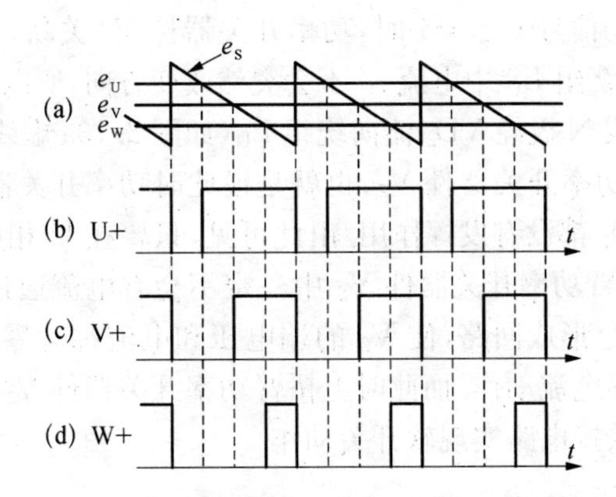

图 2.9　负斜率锯齿波调制下的动作波形

总之,单使用正斜率锯齿载波或单使用负斜率锯齿载波都不能满足软开关的谐振条件.

3. 正负斜率交替锯齿波调制方式

由上述分析可以知道,三相 PWM 逆变器要实现 ZVS 软开关动作,锯齿载波垂直沿前后的三相驱动信号所形成的空间电压矢量不可以为 000 矢量或 111 矢量. 设三相电流流入电动机绕组时为正,流出绕组时为负,由于电动机的三相电流不可能同时为正(或为负),换句话说,必然存在某些相的电流是为负(或为正). 由图 2.6 可以发现,在相电流为正时,逆变器上桥臂的功率开关器件在锯齿载波垂直沿处导通;但对于电流为负的相,如仍采用正斜率锯齿载波,则该相下桥臂开关器件的导通时刻就不能落在锯齿波垂直沿处,从而无法实现软开通.

下面就以三相 PWM 逆变器的 U 相为例分析电流的换向过程. 图 2.10 为逆变器 U 相电流的换向状态. 图中 L_U 表示电机 U 相绕组.

当 U 相电流 i_U 为正时,若上桥臂功率开关器件的驱动信号 U+ =1,则功率开关器件 V_1 开通,U 相电流 i_U 从直流母线 P 极经 V_1 流入绕组 L_U,如图 2.10a 实线所示. 当 U+ =0,即 U 相下桥臂功率开关器件的驱动信号 U－＝1 时，功率开关器件 V_1 关断，V_2 虽然触发开通，但由于绕组 L_U 中电流 i_U 不会突然改变方向，所以电流 i_U 将改道由直流母线 N 极经 VD_2 流向绕组 L_U（如图 2.10a 虚线所示），电流 i_U 不会流过功率开关器件 V_2，也就是说此时功率开关器件 V_2 和续流二极管 VD_1 都没有发挥作用. 由此可见，只要在 U 相电流 i_U 为正时，U 相下桥臂功率开关器件 V_2 中一定不会有电流通过，i_U 通过续流二极管 VD_2 形成回路，使 V_2 的端电压和电流都为零，所以 V_2 开通是零电压零电流动作. 而此时上桥臂功率开关器件 V_1 的开通则需要通过辅助谐振电路实现软开关动作.

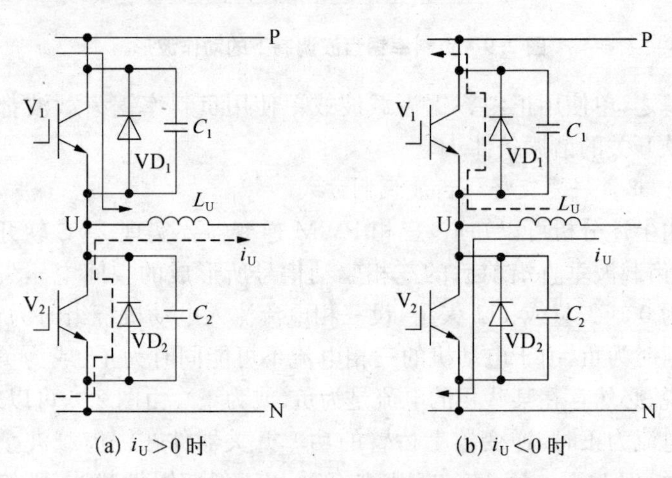

图 2.10 逆变器 U 相电流换向状态

同理，当 U 相电流 i_U 为负时，若下桥臂功率开关器件的驱动信号 U－＝1 时，则 U 相电流 i_U 从绕组 L_U 中流出，经功率开关器件 V_2 到直流母线 N 极，如图 2.10b 实线所示，此时上桥臂驱动信号 U＋＝0，V_1 关断. 当 U－触发结束后，即 U－＝0，U＋＝1 时，功率开关器件 V_2 关断，V_1 触发开通，但绕组 L_U 中的电流 i_U 不会突然改变方向，所以 i_U 将改道从绕组 L_U 经续流二极管 VD_1 流进直流母线 P 极（如图 2.10b 虚线所示）. 虽然此时 V_1 开通，但没有电流流过，此时 V_1 和

VD_2 同样都没有发挥作用. 所以只要在 U 相电流 i_U 为负时,功率开关器件 V_1 中一定不会有电流通过,i_U 通过续流二极管 VD_1 形成回路,使 V_1 的端电压和电流都为零,所以 V_1 开通是零电压零电流动作. 而此时下桥臂功率开关器件 V_2 的开通则需要通过辅助谐振电路实现软开关动作.

由以上分析可以看出,在图 2.6 中,当电流 i_U 为正时,驱动信号 U+使功率开关器件 V_1 刚好在正斜率锯齿载波的垂直沿处开始开通,即正好在辅助谐振电路发生谐振期间开通,从而实现软开关动作;而功率开关器件 V_2 则可以载波周期中任意时刻开通,因为此时电流 i_U 流过续流二极管 VD_2,使 V_2 的端电压和电流都为零,所以 V_2 开通是零电压零电流动作. 然而,当电流 i_U 为负时,功率开关器件 V_2 开通时有电流通过,如果仍按图 2.6 所示的控制策略使 V_2 触发开通,可以看出驱动信号 U-的脉冲前沿不在正斜率锯齿载波的垂直沿处,即无法使 V_2 正好在辅助谐振电路进行谐振期间开通,不能实现软开关动作. 但由图 2.9 所示的负斜率锯齿载波调制可以看出,在电流 i_U 为负时,U 相下桥臂功率开关器件 V_2 的开通时刻刚好处于锯齿载波的垂直沿处,即可以在辅助谐振电路的谐振期间开通 V_2,实现功率开关器件 V_2 的软开关动作. 因此,在电机电流为负时,必须将图 2.6 的锯齿载波方向调头,即采用图 2.9 所示的负斜率锯齿波调制,以实现三相 PWM 逆变器的软开关动作.

在本控制方案中,当电机相电流为正时采用正斜率锯齿波为载波;反之,在相电流为负时采用负斜率锯齿波为载波. 在上述电流极性下,三相 PWM 驱动信号如图 2.11 所示. 从图中可以看出,功率开关器件的动作切换均集中在锯齿波垂直沿附近,在锯齿波垂直沿前后,既不存在 000 矢量状态,也不存在 111 矢量状态. 从而避开了在需要零电压开关切换时电机与直流侧电压之间不发生能量交换,即无法产生谐振的情况. 在锯齿载波垂直沿前空间电压矢量为 001 矢量,此时直流母线上的电流方向如图 2.12 所示,电机的电流是通过与功率开关器件并联的二极管 VD_2、VD_4、VD_5、VD_{C1} 续流. 在锯齿载波垂直沿之后，空间电压矢量为 110 矢量，此时直流母线上的电流方向如图 2.13 所示，电机的电流经功率开关器件 V_1、V_3、V_6、V_{C1}. 从图 2.12 和图 2.13 可见，在该调制方式下，电机与谐振电路进行能量交换，能够满足软开关的谐振条件.

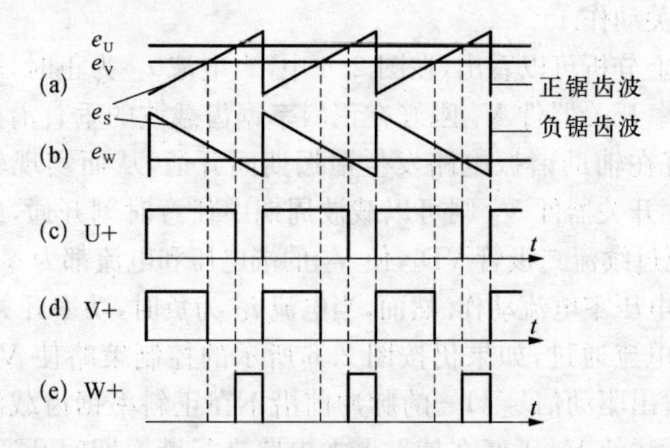

图 2.11　正负斜率锯齿载波调制下的三相 PWM 驱动信号

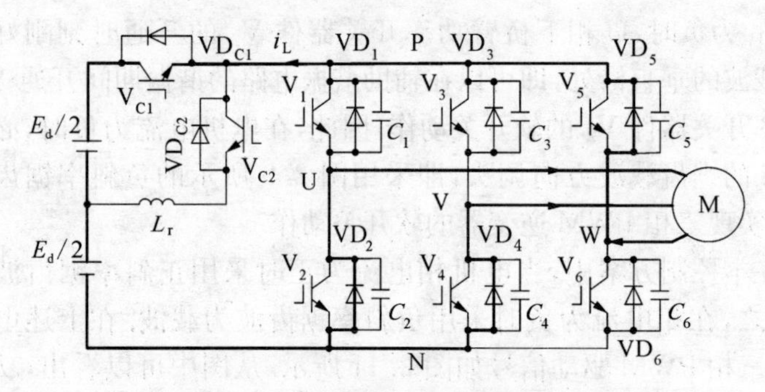

图 2.12　开关动作前的电流状态

图 2.14 是在正负斜率交替的锯齿载波调制下软开关动作的原理和主要波形. 功率开关器件的 PWM 驱动信号由正负斜率交替的锯齿载波与三相正弦波调制信号比较生成，锯齿载波斜率根据逆变器输出电流极性而翻转. 设计时，使辅助谐振电路产生的谐振槽出现在锯齿载波的垂直沿前后. 从各动作波形可以看出，各功率开关器件的开

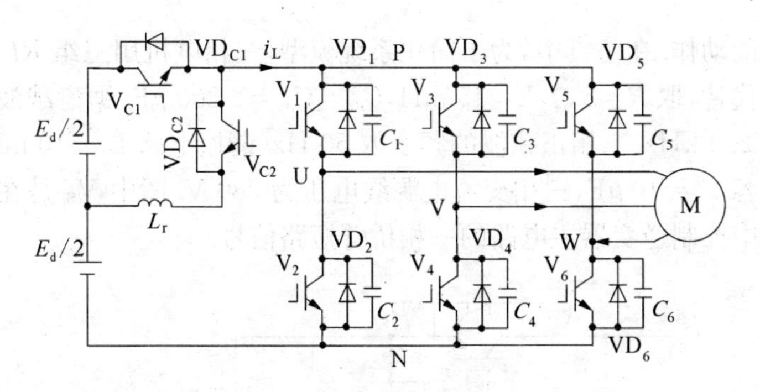

图 2.13　开关动作后的电流状态

通动作都集中在锯齿波的垂直沿处，此时，母线 PN 间电压 U_{PN} 为零，从而实现各功率开关器件在 ZVS 方式下动作. 功率开关器件的关断可以在任何时刻进行，因为每个功率开关器件都并联有电容器.

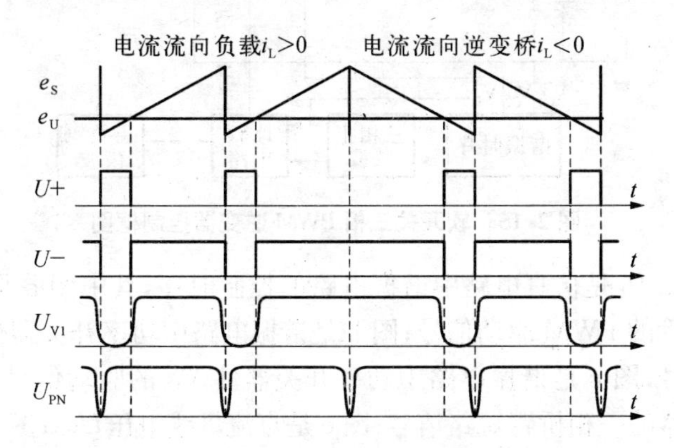

图 2.14　正负斜率交替的锯齿载波 PWM 调制

2.2.4　软开关三相 PWM 逆变器的数字仿真

图 2.15 是软开关三相 PWM 逆变器仿真控制框图. 由图可知，通过检测电机的电流极性控制锯齿载波斜率的正负，并与三相 PWM 正弦信号波比较，生成三相逆变器所需的 6 路驱动信号，控制功率开关器件的动作. 谐振时序电路生成谐振电路所需的驱动信号控制谐振

电路的动作. 在仿真中，为了简化系统模型，三相电机用三组 RL 串联电路代替，取 $R=5\ \Omega$，$L=15\ \mathrm{mH}$，$C_{d1}=C_{d2}=2\,200\ \mu\mathrm{F}$. 锯齿载波的频率取 2.5 kHz，三相正弦波的频率取 50 Hz. 谐振电感 $L_r=10\ \mathrm{mH}$，缓冲电容 $C_S=10\ \mu\mathrm{F}$，三相交流电源线电压为 380 V. 图中 $\mathrm{V_S}$ 是在谐振周期中控制逆变器主电路的一相桥臂短路信号.

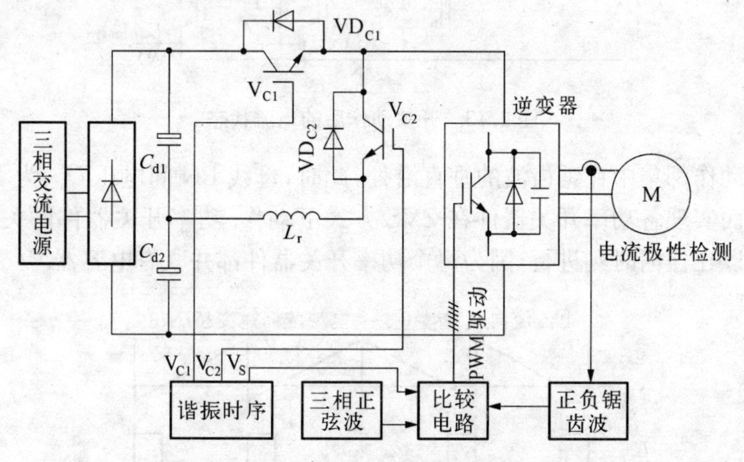

图 2.15　软开关三相 PWM 逆变器控制框图

图 2.16 是仿真电路中谐振电路的控制时序，其中图 a 是逆变器 U 相上管的 PWM 驱动信号；图 b 是谐振电路中功率开关器件 $\mathrm{V_{C1}}$ 的驱动信号；图 c 是谐振电路中功率开关器件 $\mathrm{V_{C2}}$ 的驱动信号；图 d 是使逆变器的一相桥臂短路信号；图 e 是直流母线电压 U_{PN}；图 f 是谐振电感 L_r 上的电流 i_{Lr}. 从图中可以看出，通过对谐振电路的控制，使母线上的直流电压周期性地回零，形成谐振槽，三相 PWM 逆变器功率开关器件的驱动信号的开通沿正好落在谐振槽中，功率开关器件的开通是在端电压为零的情况下进行的，所以逆变器的功率开关器件实现了零电压软开关动作.

图 2.17 是图 2.16 e 和图 2.16f 的放大图. 图 2.17a 是直流母线电压上的谐振槽波形；图 2.17b 是谐振电感上的谐振电流波形.

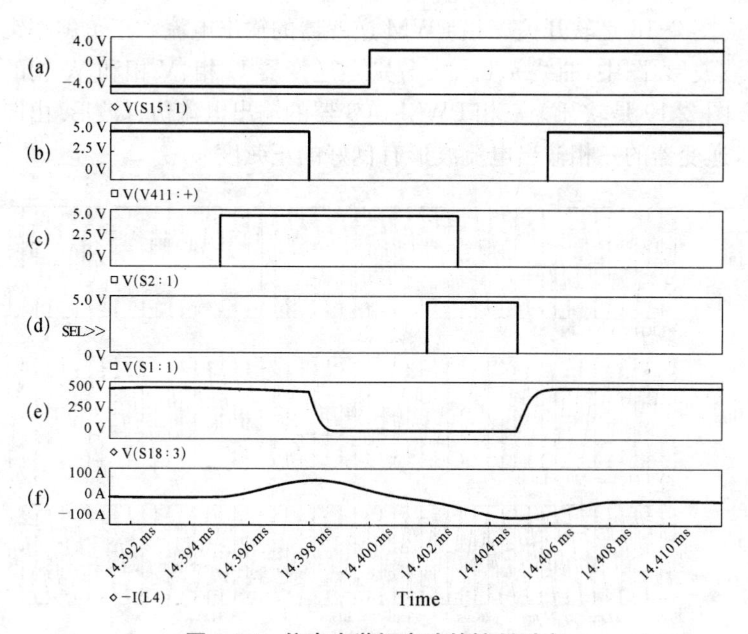

图 2.16　仿真中谐振电路的控制时序

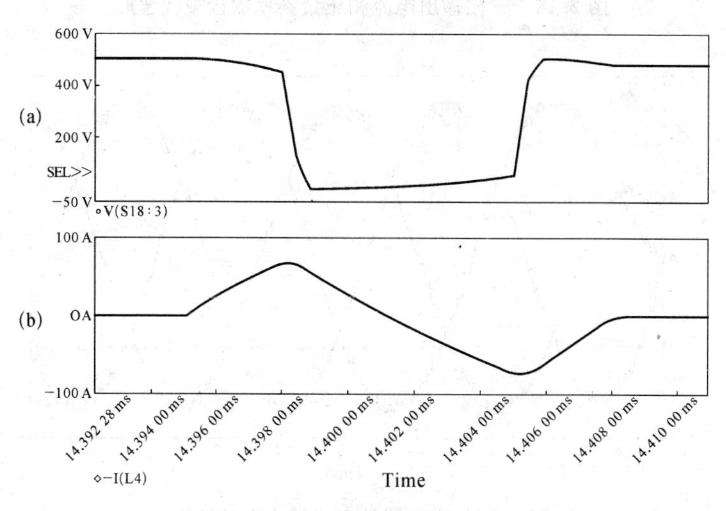

图 2.17　谐振槽和谐振电感电流波形

图 2.18 是软开关三相 PWM 逆变器的输出电流和正负斜率锯齿载波波形. 图中,曲线 a、b 和 c 分别是逆变器 U 相、V 相和 W 相的波形. 图 2.19 是软开关三相 PWM 逆变器的输出电流仿真波形. 由图可见,逆变器的三相输出电流波形有良好的正弦度.

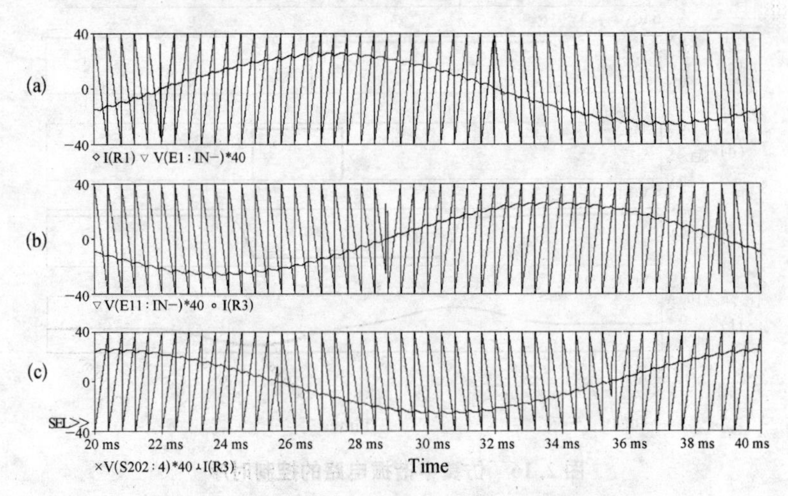

图 2.18　三相输出电流和正负斜率锯齿载波波形

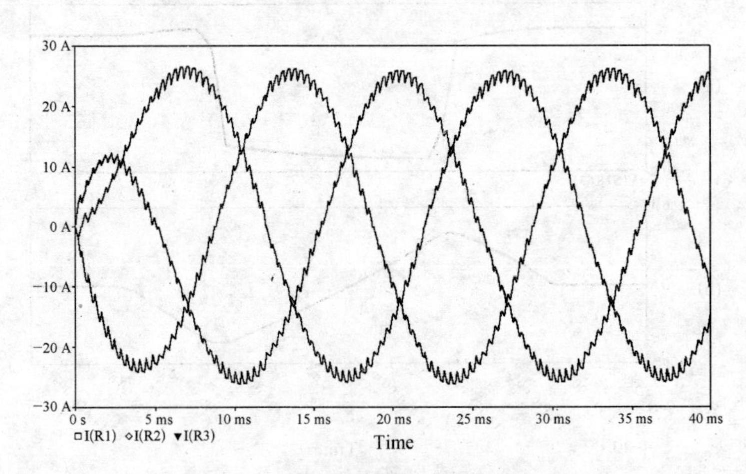

图 2.19　逆变器的三相输出电流波形

2.3 软开关三相 PWM 逆变器动作的数学解析[68~70]

为了更好地揭示软开关三相 PWM 逆变器的运行机理，结合图 2.3 和图 2.4 所示的开关动作模式对逆变器主电路的电压和电流的瞬态过程进行解析，由上两图可知逆变器主电路的开关动作模式共分为 9 个工作模式.

模式 a（$\sim V_{C1}=\text{on}$）：（$\sim t_1$）

稳态时功率开关器件 V_{C1} 导通，直流电源 E_d 和负载进行能量交换，负载电流 I_L 是通过 VD_{C1} 进行续流. 此时 $i_{Lr}=0$，$U_{Cr}=E_d$.

模式 b（$V_{C2}=\text{on}\sim V_{C1}=\text{off}$）：（$t_1\sim t_2$）

在 t_1 时刻让功率开关器件 V_{C2} 开通，则谐振电感 L_r 上施加有 $E_d/2$ 电压，由于电感电流不能突变，所以谐振电感 L_r 的电流从零开始增加，显然 V_{C2} 的开通是以零电压、零电流方式完成的. 边界条件为：在 t_1 时刻 $i_{Lr}(t_1)=0$，$U_{Cr}(t_1)=E_d$；在 t_2 时刻谐振电感电流 $i_{Lr}(t_2)=I_1$. 图 2.20 是模式 b 的等效电路图. 由图可得拉普拉斯电压方程为

$$I_{Lr}(s)=\frac{E_d/2s}{sL_r}=\frac{E_d}{2L_r}\frac{1}{s^2}$$

$$i_{Lr}(t)=\frac{E_d}{2L_r}t$$

图 2.20　模式 b 的等效电路图

在 t_2 时刻，谐振电感电流 $i_{Lr}(t_2)=I_1$，所以

$$i_{Lr}(t_2)=i_{Lr}(T_1)=\frac{E_d}{2L_r}T_1=I_1 \qquad T_1=\frac{2L_rI_1}{E_d} \tag{2.1}$$

模式 c（$V_{C1}=\text{off}\sim VD_s=\text{on}$）：（$t_2\sim t_3$）

在 t_2 时刻关断功率开关器件 V_{C1}，电容电压 $U_{Cr}=E_d$，所以该关断动作是以 ZVS 方式完成的. 此时谐振电感 L_r、缓冲电容 C_r、通过 V_{C2} 产生谐振，图 2.21 为该模式的等效电路. 由图 2.3 的软开关谐

振动作时序可知，模式 c 中 t_2 和 t_3 时刻谐振电感 L_r 上的电流相等，即 $i_{Lr}(t_2)=i_{Lr}(t_3)=I_1$，所以模式 c 上的电流相当于一个直流分量 I_1 的交流分量的合成，在分析谐振过程时，只考虑大于电流 I_1 的交流分量即谐振电流，在分析后再加上直流分量 I_1 即可. 这样图 2.21 等效电路的边界条件为：在 t_2 时刻 $i_{Lr}(t_2)=0$，$U_{Cr}(t_2)=E_d$；在 t_3 时刻缓冲电容两端电压 $U_{Cr}(t_3)=0$. 由图 2.21 可知该等效电路是一个简单的二阶无阻尼电路，由电路理论可知缓冲电容 C_r 的电压方程式为

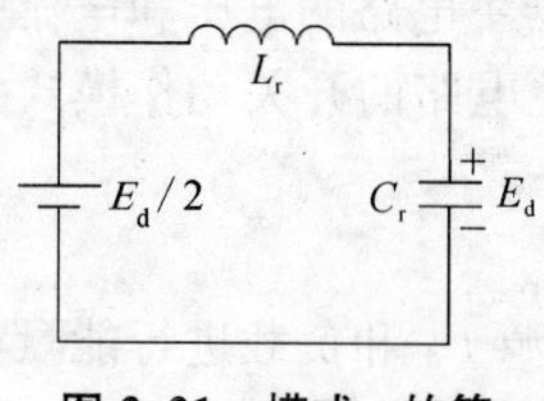

图 2.21　模式 c 的等效电路图

$$U_{Cr}(t)=\frac{E_d}{2}\left(1-\frac{\omega_0}{\omega}e^{-\delta t}\sin\left(\omega t+\tan^{-1}\frac{\omega}{\delta}\right)\right)+$$

$$E_d\frac{\omega_0}{\omega}e^{-\delta t}\sin\left(\omega t+\tan^{-1}\frac{\omega}{\delta}\right)$$

$$U_{Cr}(t)=\frac{E_d}{2}\left(1+\frac{\omega_0}{\omega}e^{-\delta t}\sin\left(\omega t+\tan^{-1}\frac{\omega}{\delta}\right)\right) \tag{2.2}$$

式中：衰减系数 $\delta=\frac{R'}{2L'}$，谐振固有频率 $\omega_0=\frac{1}{\sqrt{L'C'}}$，阻尼振荡角频率 $\omega=\sqrt{\omega_0^2-\delta^2}$.

在图 2.15 中，由于 $R'=0, L'=L_r, C'=C_r$，所以 $\delta=0, \omega_0=\omega=1/\sqrt{L_rC_r}$. 代入式(2.2)得：

$$U_{Cr}(t)=\frac{E_d}{2}(1+\sin(\omega_0 t+\pi/2))$$

在 t_3 时刻，缓冲电容两端电压 $U_{Cr}(t_3)=0$，所以

$$U_{Cr}(t_3)=U_{Cr}(T_2)=\frac{E_d}{2}(1+\sin(\omega_0 T_3+\pi/2))=0$$

$$T_2=\pi/\omega_0=\pi\sqrt{L_rC_r} \tag{2.3}$$

谐振电感 L_r 的电流方程式为

$$i_{Lr}(t) = -C\frac{\mathrm{d}U_{Cr}}{\mathrm{d}t} = \frac{E_d}{2\omega_0 L_r}\sin\omega_0 t \tag{2.4}$$

由式(2.4)，当 $\omega_0 t = \omega_0 t' = \pi/2$ 时，谐振电感的电流 i_{Lr}达到最大值，此时缓冲电容上的电压 U_{Cr}为

$$U_{Cr}(t') = \frac{E_d}{2}(1+\sin(\omega_0 t' + \pi/2)) = \frac{E_d}{2} \tag{2.5}$$

上述结果指出，当谐振电感的电流 i_{Lr}达最大值时，缓冲电容 C_r 两端电压已由 E_d 下降到 $E_d/2$，这是很显然的. 因为当缓冲电容电压 $U_{Cr}>E_d/2$ 时，谐振电感 L_r 上承受$(U_{Cr}-E_d/2)>0$ 的电压，因此谐振电感上的电流 i_{Lr}从 I_1 继续增大，谐振电感 L_r 继续积蓄能量. 当缓冲电容两端的电压 $U_{Cr}=E_d/2$ 时，谐振电感 L_r 承受的外加电压为零，谐振电感的电流 i_{Lr}停止增大，即达到了极大值. 随着缓冲电容 C_r 的放电，U_{Cr}逐步下降，当 $U_{Cr}<E_d/2$ 时，谐振电感 L_r 承受反向的外加电压，所以谐振电感 L_r 上的反电势 $L_r\frac{\mathrm{d}i_{Lr}}{\mathrm{d}t}$ 调转方向，电流 i_{Lr}逐渐减小. 当 $t=t_3$ 时，谐振电感的电流 $i_{Lr}(\mathrm{t}_3)=i_{Lr}(t_2)=I_1$. 这是因为，在 t_2 时刻，缓冲电容的端电压 $U_{Cr}=E_d$. 电压 U_{Cr}在 $E_d\sim E_d/2$ 期间，缓冲电容 C_r 将能量转移至谐振电感 L_r 上，使电流 i_{Lr} 增大；而电压 U_{Cr} 在 $E_d/2\sim 0$ 期间，谐振电感 L_r 因承受反电压而释放能量，因此谐振电感的电流 i_{Lr}减小. 谐振电感 L_r 减少的能量应该等于前面增加的能量，所以存在 $i_{Lr}(t_3)=i_{Lr}(t_2)=I_1$. 但由于在缓冲电容端电压 $U_{Cr}>E_d/2$ 期间，谐振电感 L_r 承受的电压为 $L_r\frac{\mathrm{d}i_{Lr}}{\mathrm{d}t}=u_{Cr}-\frac{E_d}{2}$，而在 $U_{Cr}<E_d/2$ 期间，谐振电感 L_r 承受的电压为 $L_r\frac{\mathrm{d}i_{Lr}}{\mathrm{d}t}=\frac{E_d}{2}-u_{Cr}$，缓冲电容端电压 U_{Cr}的变化不是线性的，所以谐振电感的电流 i_{Lr}从 I_1 增大到最大值与从最大值减小到 I_1 所经历的过程时间是不可能相同的.

模式 d（VD_s=on～VD_{C2}=on）：（$t_3\sim t_4$）

谐振电感 L_r 经 V_{C2} 继续将能量转移到电容 C_{d2} 上，此时由于谐振电感上的电流 $i_{Lr}<I_L$，所以 VD_s 导通，谐振电感上的电流 i_{Lr} 逐渐减小，直至 $i_{Lr}=0$. 从而可得电路方程

$$-L_r\frac{di_{Lr}}{dt}=\frac{E_d}{2}$$

在 t_3 时刻，$i_{Lr}(t_3)=I_1$，$U_{Cr}(t_3)=0$，代入上式可得

$$i_{Lr}(t)=-\frac{E_d}{2L_r}t+I_1 \tag{2.6}$$

在 t_4 时刻，$i_{Lr}(t_4)=0$，代入式(2.6)可得

$$0=-\frac{E_d}{2L_r}T_3+I_1 \qquad T_3=\frac{2L_rI_1}{E_d} \tag{2.7}$$

模式 e (VD_{C2}=on～VD_s=off，V_s=on)：(t_4～t_5)

直流电源 $E_d/2$ 经二极管 VD_{C2} 向谐振电感 L_r 积蓄电能. 谐振电感 L_r 上的电流 i_{Lr} 方向反向，并逐步增大，直到电流 i_{Lr} 等于负载电流 I_L. 在此期间，让功率开关器件 V_{C2} 关断，显然该动作是在 ZVS 方式下进行的. 由于电流 $i_{Lr}<I_L$，所以负载电流 I_L 中的一部分通过续流二极管 VD_s 自成闭合回路，直到 t_5 时刻，谐振电感电流 $i_{Lr}=I_L$，续流二极管 VD_s 关断. 此模式的等效电路与模式 b 类似，只是谐振电感电流方向和边界条件不同，所以有

$$L_r\frac{di_{Lr}}{dt}=\frac{E_d}{2}$$

在 t_4 时刻，$i_{Lr}(t_4)=0$，$U_{Cr}(t_4)=0$，代入上式可得

$$i_{Lr}(t)=\frac{E_d}{2L_r}t \tag{2.8}$$

在 t_5 时刻，$i_{Lr}(t_5)=I_L$，代入式(2.8)可得

$$I_L=-\frac{E_d}{2L_r}T_4 \qquad T_4=\frac{2L_rI_L}{E_d} \tag{2.9}$$

模式 f（VD_s=off，V_s=on～V_s=off）：（t_5～t_6）

为了使后面的谐振能完整进行，谐振电感 L_r 中必须贮备足够的能量，为此，在 t_5 时刻之后使功率开关器件 V_s 触发导通，显然功率开关器件 V_s 的开通动作是 ZVS 软开通. 在模式 e 中，当谐振电感上的电流 $i_{Lr}=I_L$ 时，续流二极管 VD_s 关断，模式 e 自动转入模式 f，即直流电源 $E_d/2$ 向负载提供电流的同时，经二极管 VD_{C2}、功率开关器件 V_s 继续向谐振电感 L_r 积蓄能量. 此模式的等效电路与模式 e 相同，只是边界条件不同. 所以存在

$$L_r\frac{\mathrm{d}i_{Lr}}{\mathrm{d}t}=\frac{E_d}{2}$$

在 t_5 时刻，$i_{Lr}(t_5)=I_L$，$U_{Cr}(t_5)=0$，代入上式可得

$$i_{Lr}(t)=\frac{E_d}{2L_r}t+I_L \tag{2.10}$$

在 t_6 时刻，谐振电感上的电流 i_{Lr} 增大到 I_2，关断功率开关器件 V_s，由于此时直流母线电压 U_{PN} 为零，所以 V_s 的关断动作是以 ZVS 方式关断. 把 $i_{Lr}(t_6)=I_2$ 代入式(2.10)可得

$$I_2=-\frac{E_d}{2L_r}T_5+I_L \qquad T_5=\frac{2L_r}{E_d}(I_2-I_L) \tag{2.11}$$

模式 g（V_s=off～VD_{C1}=on）：（t_6～t_7）

在 t_6 时刻关断功率开关器件 V_s 后，由于谐振电感上的电流 $i_{Lr}>I_2$，多余的电流则向缓冲电容 C_r 充电，C_r 和谐振电感 L_r 之间再次发生谐振，直至缓冲电容上的电压 $U_{Cr}=E_d$，即直流母线电压达到直流电源电压 E_d. 此模式的等效电路如图 2.22 所示. 与模式 c 同理，模式 g 中 t_6 和 t_7 时刻谐振电感 L_r 上的电流 i_{Lr} 相等，即 $i_{Lr}(t_6)=i_{Lr}(t_7)=I_2$，所以模式 g 上的电流也相当于一个直流分量 I_2 的交流分量的合成，在分析谐振过程时，

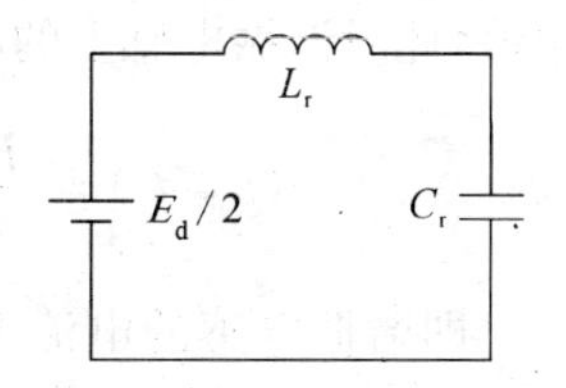

图 2.22　模式 g 的等效电路图

只考虑大于电流 I_2 的交流分量即谐振电流，在分析后再加上直流分量 I_2 即可. 由图可得缓冲电容 C_r 的电压方程式为

$$U_{Cr}(t)=\frac{E_d}{2}\left(1-\frac{\omega_0}{\omega}e^{-\delta t}\sin\left(\omega t+\tan^{-1}\frac{\omega}{\delta}\right)\right) \tag{2.12}$$

式中：衰减系数 $\delta=\frac{R'}{2L}$，谐振固有频率 $\omega_0=\frac{1}{\sqrt{L'C'}}$，阻尼振荡角频率 $\omega=\sqrt{\omega_0^2-\delta^2}$.

在图 2.15 中，由于 $R'=0, L'=L_r, C'=C_r$，所以 $\delta=0, \omega_0=\omega=1/L_rC_r$. 代入式(2.12)得：

$$U_{Cr}(t)=\frac{E_d}{2}(1-\sin(\omega_0 t+\pi/2))$$

在 t_7 时刻，缓冲电容两端电压 $U_{Cr}(t_7)=E_d$，所以

$$U_{Cr}(t_7-t_6)=U_{Cr}(T_6)=\frac{E_d}{2}(1-\sin(\omega_0 t+\pi/2))=E_d$$

$$T_6=\frac{\pi}{\omega_0}=\pi\sqrt{L_rC_r} \tag{2.13}$$

谐振电感 L_r 的电流方程式为

$$i_{Lr}(t)=-C\frac{dU_{Cr}}{dt}=-\frac{E_d}{2\omega_0 L_r}\sin\omega_0 t \tag{2.14}$$

由式(2.14)，当 $\omega_0 t=\omega_0 t''=\pi/2$ 时，谐振电感的电流 i_{Lr} 达到最小值，此时谐振电感上的电压 U_{Cr} 为

$$U_{Cr}(t'')=\frac{E_d}{2}(1-\sin(\omega_0 t''+\pi/2))=\frac{E_d}{2} \tag{2.15}$$

即谐振电感的电流 i_{Lr} 达到最小值时，正好对应于缓冲电容电压 $U_{Cr}=E_d/2$，与模式 c 的情况类似.

模式 h (VD_{C1}=on～VD_{C1}=off, V_{C1}=on)：(t_7～t_8)

由于谐振电感的电流 $i_{Lr}(t_7)=I_2>I_L$，且 $U_{Cr}(t_7)=E_d$，所以缓冲电容 C_r 停止充电，多余的电流通过二极管 VD_{C1} 回馈到 C_{d1} 上. 与此同时，让功率开关器件 V_{C1} 开通，显然 V_{C1} 的开通动作是以 ZVS 方式进行的. 谐振电感 L_r 的电流在向 C_{d1} 回馈过程中逐渐减小，直到负载电流 I_L. 该模式的等效电路同模式 b 类似，不同之在于谐振电感上的电流方向和边界条件不同. 因此电压方程式为

$$-L_r\frac{\mathrm{d}i_{Lr}}{\mathrm{d}t}=\frac{E_d}{2}$$

在 t_7 时刻，$i_{Lr}(t_7)=I_2$，代入上式可得

$$i_{Lr}(t)=-\frac{E_d}{2L_r}t+I_2 \tag{2.16}$$

在 t_8 时刻，$i_{Lr}(t_8)=I_L$，代入式(2.16)可得

$$I_L=-\frac{E_d}{2L_r}T_7+I_2 \qquad T_7=\frac{2L_r}{E_d}(I_2-I_L) \tag{2.17}$$

模式 i $(VD_{C1}=\text{off},V_{C1}=\text{on}\sim VD_{C2}=\text{off})$：$(t_8\sim t_9)$

谐振电感电流 $i_{Lr}<I_L$ 后，二极管 VD_{C1} 关断，直流电源 E_d 经功率开关器件 V_{C1} 向负载 I_L 补充电流. 直至谐振电感电流 $i_{Lr}=0$，此后负载电流 I_L 完全由直流电源 E_d 提供，即工作模式又返回到模式 a，该模式的等效电路与模式 g 相同，只不过边界条件不同. 所以

$$-L_r\frac{\mathrm{d}i_{Lr}}{\mathrm{d}t}=\frac{E_d}{2}$$

在 t_8 时刻，$i_{Lr}(t_8)=I_L$，代入上式可得

$$i_{Lr}(t)=-\frac{E_d}{2L_r}t+I_2 \tag{2.18}$$

在 t_9 时刻，$i_{Lr}(t_9)=0$，该模式结束，代入式(2.18)可得

$$0=-\frac{E_d}{2L_r}T_8+I_L \qquad T_8=\frac{2L_rI_L}{E_d} \tag{2.19}$$

2.4 软开关PWM逆变器的控制方法[71~74]

通常考核PWM逆变器的性能指标一般是：① 输出电压幅值；② 电流波形；③ 调速范围；④ 低速特性；⑤ 转矩脉动；⑥ 噪音程度；⑦ 谐波电流损耗；⑧ 功率开关器件的开关损耗.

对于传统的正弦波/三角波PWM调制模式来说，逆变器输出线电压的最大幅值只能为$(\sqrt{3}/2)E_d$[75]. 为了有效地利用直流电源电压，减轻对功率开关器件的耐压要求，一般总是希望在不提高电源电压和不增加对功率开关器件耐压要求的前提下，尽可能地提高逆变器输出电压的幅值.

另外，为改善波形质量，降低谐波损耗、噪音及转矩脉动等，最有效的办法是提高逆变器的载波频率. 然而，随着载波频率的升高，功率开关器件的功率损耗将成比例增大，从能量的利用上考虑，提高载波频率并不是一种有效的方法. 可以看出，改善逆变器的输出特性与降低功率开关器件的功率损耗是相互对立的. 而选用优化的PWM调制模式则可以降低逆变器功率损耗和改善输出特性，随着PWM调制模式的不同，其输出特性也不同.

1. 二相PWM调制模式[76]

SPWM三相逆变器的直流电压利用率只有86.6%. 直流电压没有得到充分利用. 为了提高逆变器的输出电压，提高直流电压的利用率，通常是保持逆变器的输出线电压为正弦的条件下，使调制波预畸变. 图2.23就是利用这种方法得到的二相调制方式.

图2.23a是通常的正弦脉宽调制时的U相和V相的调制波e_U和e_V，以及由它们形成的线电压e_{UV}. 可见如果相电压e_U和e_V的峰值为0.5时，线电压e_{UV}的峰值为0.866. 而图2.23b所示的各相调制波在半个周期中有60°宽的波形固定在正或负的饱和点，在调制波处于饱和状态时，该相桥臂上的功率开关器件不进行切换，只对其它两相进行PWM控制，从图中可以看出输出线电压e_{UV}的峰值增加到1. 这

样就可使逆变器的输出电压提高到 1.15 倍，提高了直流母线电压的利用率.

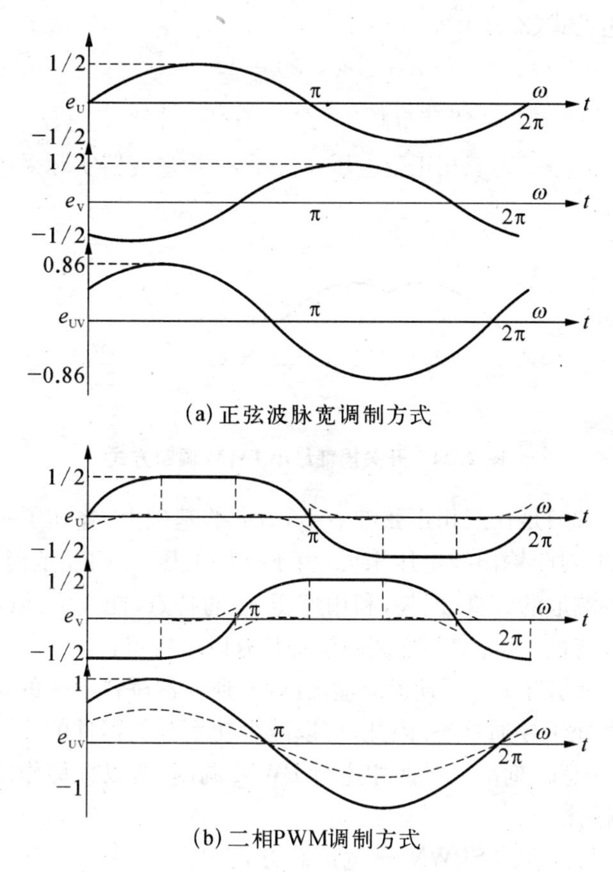

图 2.23　三相逆变器的 PWM 调制方式

同时，由于在任意一个 60°范围内，只对两相进行 PWM 调制，使逆变器一相桥臂的开关状态不变，桥臂上下功率开关器件不进行切换. 与 SPWM 调制相比，逆变器的功率开关器件的切换次数减少了 1/3，这样就可使逆变器的开关损耗也相应地减少 1/3 左右.

2. 开关损耗最小 PWM 调制方式[77、78]

图 2.24 为开关损耗最小 PWM 调制方式的调制波. 该调制波的数学描述见式(2.20)[3].

$$\begin{cases} e_p = -\min(e_U, e_V, e_W) - 1 \\ e_X = e_U + e_p, e_Y = e_V + e_p, e_Z = e_W + e_p \end{cases} \tag{2.20}$$

式中：e_U、e_V、e_W 为三相正弦电压，e_X、e_Y、e_Z 为逆变器实际采用的三相调制波.

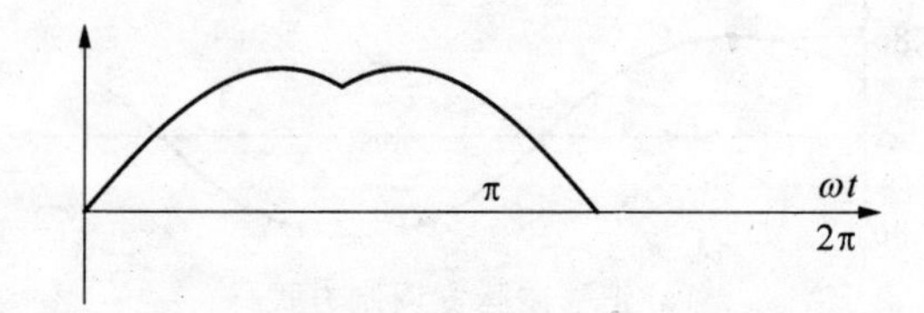

图 2.24　开关损耗最小 PWM 调制方式

式(2.20)是在三相正弦波 e_U、e_V、e_W 的基础上，叠加了一个偏压 e_p 而成的. 对于输出线电压来说，由于这些偏压 e_p 相互抵消，不会引起线电压波形的失真. 但是，利用偏压 e_p 的特点，能大大地改善逆变器的输出特性. 这种 PWM 调制模式具有以下特点：

(1) 每相有 1/3 周期没有输出脉冲，逆变器桥臂下侧的功率开关器件一直处于导通状态. 因此，可以减少功率开关器件的 1/3 的开关损耗，且任意时刻都只对两相进行 PWM 调制，所以也称作两相鞍形 PWM 调制模式.

(2) 与常规的 SPWM 脉宽调制方式相比，逆变器输出线电压提高了 15%，使输出线电压的峰值达到直流母线电压 E_d.

(3) 该 PWM 调制模式也是通过在正弦波上叠加 3 的倍数次谐波以抑制谐波的，边频带中心频率是功率开关器件实际开关频率的 1.5 倍，所以，在开关频率相同的前提下，该调制模式能相应提高边频带的区域，抑制低频噪声.

(4) 由于这种调制模式所用到的零电压矢量都是 $V_0(000)$ 而没

有 V_7(111),所以电机在三相短路放能时总是通过逆变器的下桥臂,从而造成上、下桥臂负载分配不平衡,其功率分配是上桥臂重,下桥臂轻,使得功率模块的功率指标不能充分利用. 但是经仿真后发现,这种调制波中的电压变化不平滑,使输出电流波形中出现畸变,如图 2.25 所示. 在低速运行时会发生电压飞跃现象.

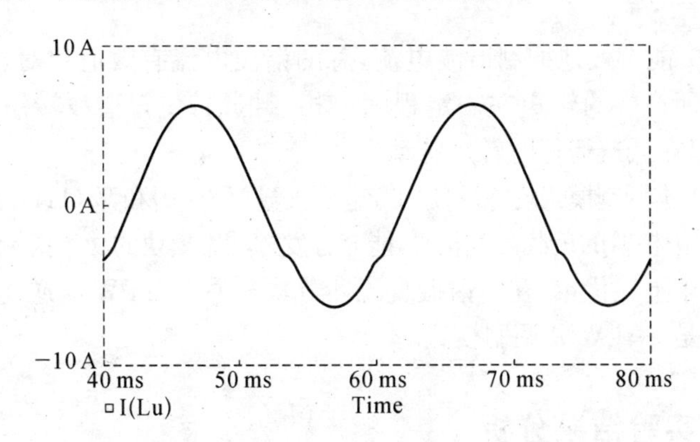

图 2.25　开关损耗最小 PWM 调制模式下的电流波形

3. SAPWM 调制方式[79、80]

图 2.26 是 SAPWM 调制方式的调制波. 其实质也是在正弦波上叠加 3 的倍数次谐波而成的,可用式(2.21)来描述:

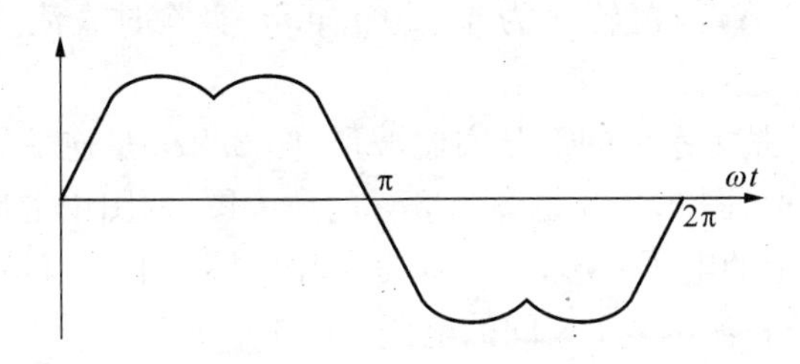

图 2.26　SAPWM 调制方式

$$y(t)=\begin{cases}\sqrt{3}\sin\omega t & (0^\circ\leqslant\omega t\leqslant 30^\circ)\\ \sin(\omega t+30^\circ) & (30^\circ<\omega t\leqslant 90^\circ)\end{cases}\tag{2.21}$$

SAPWM 调制模式具有以下特点：

(1) 具有线电压控制的三相 PWM 逆变器的优点，即逆变器输出线电压幅值可达直流输入电源电压 E_d，较 SPWM 调制方式直流电压利用率提高了 15%.

(2) 理论上说，基波领域不存在谐波，因此有较好的输出转矩特性.

(3) 能有效地抑制谐波电流，总的谐波电流有效值相对较小. 由于谐波所产生的转矩在一定程度上相互抵消，使得谐波转矩大为减小，所以在低速运行时转矩脉动小.

(4) 本调制模式均等地使用零电压矢量 V_0(000)和 V_7(111). 因此，逆变桥上、下桥臂的负载分配相等，能充分发挥功率模块的功率指标.

基于上述优点，在本谐振直流环节软开关三相 PWM 逆变器中采用的正是 SAPWM 调制模式.

2.5 实验结果分析

本系统实验采用 TI 公司生产的 TMS320 LF2407DSP 为控制核心，系统的载波频率为 2.5 kHz，电容 C_{d1} 和 C_{d2} 分别为 2 200 μF. 电动机参数为：额定功率为 1.1 kW，额定电压为 220 V(Y 形联接)，额定电流为 4.93 A，额定转速为 1 720 r/min. 实验时直流母线电压为 400 V左右.

图 2.27 是本系统的部分实验波形. 图 2.27a 是逆变器实现软开关的谐振波形，图 2.27b 是图 2.27a 的放大图. 两图中上曲线是逆变器直流母线上的电压波形，下曲线是谐振电感上的电流波形. 可以看出，逆变电路直流母线 PN 间的电压 U_{PN} 在上下开关器件切换时谐振到零，实现了 ZVS 动作.

在图 2.27b 的谐振槽之前，有一个很小的凹坑，其原因分析如下. 从图 2.3 中可知，软开关的动作模式有 9 个过程，该小凹坑在动作模式 b 中. 在模式 b 情况下，由 C_{d1}、V_{C1}、V_{C2}、L_r 组成的开关电路的等效

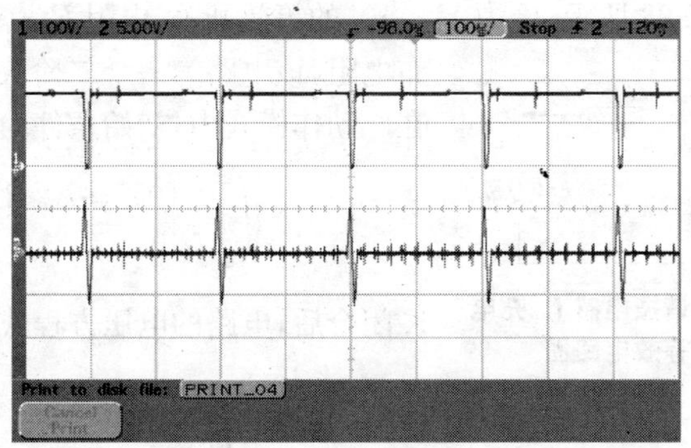

(a) 谐振槽与谐振电流波形(200 V/div，5 A/div，100 μs/div)

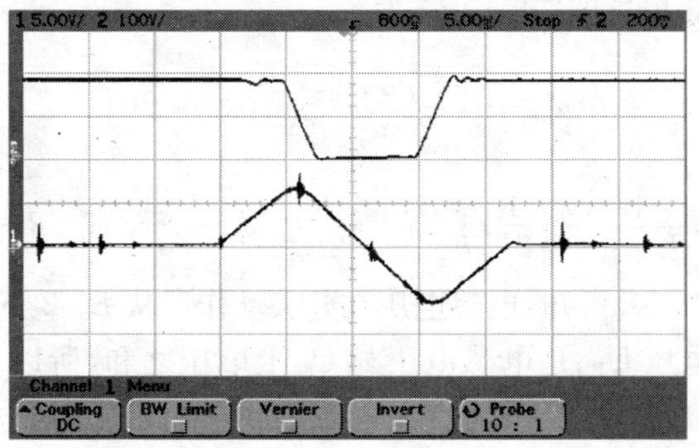

(b) 谐振槽与谐振电流波形(放大图) (200 V/div，5 A/div，5 μs/div)

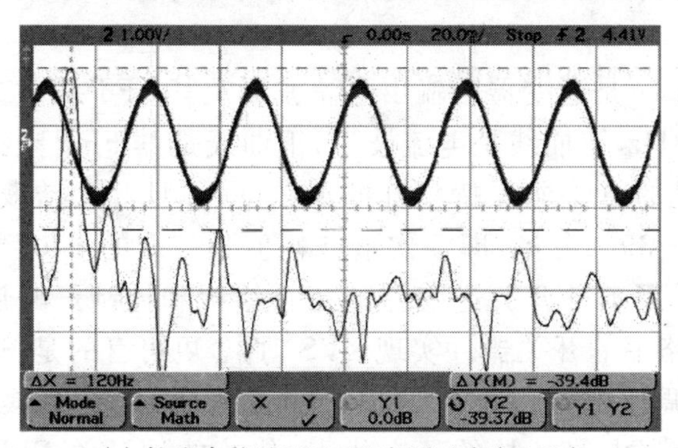

(c) 输出电流波形及FFT频谱分析(30 Hz)

图 2.27　实验波形

电路如图 2.28 所示，K 为 V_{C1}、V_{C2} 的等效开关. 电阻 R 为回路中的分布电阻，该电路为一个二阶欠阻尼电路. 在此动作模式中，初始条件为

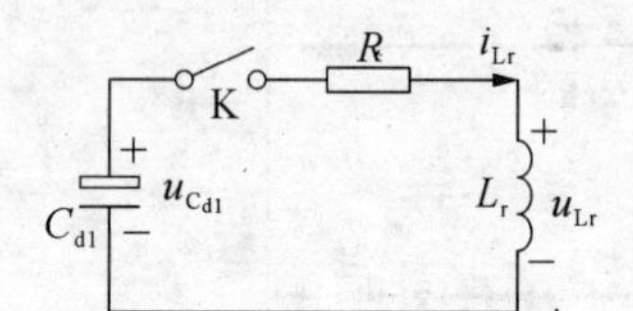

图 2.28 谐振电感 L_r 充电等效电路图

$$\begin{cases} U_{Cd1}(0) = E_d/2 \\ i_{Lr}(0) = 0 \end{cases} \tag{2.22}$$

K 闭合后，电路的电压方程式为

$$u_{Cd1} = Ri_{Lr} + L_r \frac{\mathrm{d}i_{Lr}}{\mathrm{d}t} \tag{2.23}$$

解此方程，得电感的端电压 u_{Lr} 为

$$u_{Lr} = -\frac{E_d}{2}\frac{\omega_0}{\omega}e^{-\delta t}\sin(\omega t-\beta) \tag{2.24}$$

式中：$\omega^2 = \frac{1}{L_r C_{d1}} - \left(\frac{R}{2L_r}\right)^2$，$\delta = \frac{R}{2L_r}$，$\omega_0^2 = \delta^2 + \omega^2$，$\beta = \tan^{-1}\left(\frac{\omega}{\delta}\right)$

由式(2.24)可知，电感电压在开关动作后从 $E_d/2$ 下降，而直流母线间的电压 U_{PN} 是电感电压与 C_{d2} 上电压之和，所以 U_{PN} 会随着 V_{C2} 的开通而下降. 又因为直流电源很快向电容 C_{d1} 充电，电压 U_{PN} 很快恢复上来，所以在 V_{C1} 开通后直流母线电压 U_{PN} 上出现一个小凹槽.

图 2.27c 是逆变器的输出电流波形及其 FFT 频谱分析结果，频率为 30 Hz，上曲线是电流波形，下曲线是其 FFT 频谱. 由图可见，电动机的电流能保持较好的正弦度，并且 5 次谐波与基波的幅度差为−39.4分贝，即 5 次谐波幅值是基波的 1.07%左右. 可以看出，采用本软开关逆变器的拓扑结构和控制策略后，不但可以使主电路中的开关器件实现 ZVS 动作，更可喜的是输出电流波形在整个调速范围内都有着很好的正弦度，这是本软开关三相 PWM 逆变器电路拓扑的特有优点. 传统的硬开关 PWM 逆变器由于死区时间的影响，必然存在电流波形交越失真，从而在基波

频域存在 5、7、11、13…低次谐波，严重时会引起电机低速振荡. 而采用了软开关三相 PWM 逆变器电路拓扑后，由于逆变器的上、下桥臂切换是发生在锯齿载波的垂直沿处，此时逆变器的辅助谐振电路动作，在直流母线上形成谐振槽，直流母线电压 U_{PN} 为零，所以在死区内的电压为零，这样就自然而然地消除了硬开关 PWM 逆变器由于死区时间而产生的多余脉冲，所以软开关三相 PWM 逆变器不存在死区时间的影响.

综上所述，可得出如下结论：软开关三相 PWM 逆变器的 PWM 控制中，不使用传统的三角波为载波，而是使用正负斜率交替的锯齿波为载波，当相电流从逆变器的桥臂流向电机时，采用正斜率锯齿载波；当相电流从电机流向逆变器的桥臂时，采用负斜率锯齿载波. 调制信号采用优化的 SAPWM 调制方式，以提高逆变器输出电压，减小输出转矩脉动. 控制软开关三相 PWM 逆变器的辅助谐振电路在锯齿载波的垂直沿处进行谐振，使直流母线电压在锯齿载波垂直沿处形成谐振槽，保证逆变器主电路的功率开关器件可靠实现 ZVS 动作.

2.6 小结

本章提出了一种新型的辅助谐振软开关三相 PWM 逆变器拓扑结构，详细分析本拓扑的工作原理及其控制方法. 研究了软开关三相 PWM 逆变器主电路的软开关动作时序，对每一个谐振动作模式中的电压电流动态过程进行了详细的数学分析，建立了对整个系统的控制策略；对系统控制策略进行了数字仿真和实验验证；在控制中指出，若采用三角波为载波，则功率开关器件的开通时刻不固定，使电路发生谐振的时刻难以控制. 并且谐振次数较多，使直流母线电压不能得到充分利用. 所以在本电路拓扑中采用正负斜率交替的锯齿波为载波，并根据电动机相电流极性及时切换到正斜率或负斜率锯齿波调制模式上，实现主电路功率开关器件的软开关动作；

阐述了不同调制波的特点以及对逆变器输出特性的影响，本逆变器的控制方案中采用优化的 SAPWM 调制方式，可以降低逆变器输出电流的谐波，输出电流波形具有良好的正弦度，并减小低速时的转矩脉动.

第三章　软开关逆变器的磁链轨迹分析及软开关时序控制

3.1　软开关 PWM 逆变器的磁链轨迹分析[81]

由于软开关三相 PWM 逆变器主电路的功率开关器件是以零电压开关动作，在控制策略中采用的 PWM 调制模式较传统硬开关三相 PWM 调制模式发生了很大变化. 传统硬开关三相 PWM 调制模式依靠零电压矢量 $V_0(000)$、$V_7(111)$来调节磁链的运动轨迹，而在零电压软开关三相 PWM 调制模式中，有时甚至没有零电压矢量，那么它是如何来调节磁链的运动轨迹？此时逆变器的磁链运动轨迹是否还保持与硬开关 PWM 调制时等效？其 PWM 逆变器的输出电流波形具有什么特征？下面就这些问题进行深入分析.

3.1.1　空间电压矢量的转化

图 3.1 为零电压软开关三相 PWM 逆变器控制系统，图 3.2 为逆变器三相输出电流的仿真波形. 从该仿真波形可以看出，当逆变器的输出电流为正时，采用正斜率锯齿载波；当逆变器的输出电流为负时，采用负斜率锯齿波.

假定软开关三相 PWM 逆变器在某一段时间内的输出电流极性为 $i_U>0$、$i_V<0$、$i_W<0$，如果三相 PWM 调制方式都采用图 3.3 所示的正斜率锯齿载波，则由此生成的空间电压矢量从左到右依次为 V_7、V_6、V_4、V_0. 众所周知，V_0、V_7 是零空间电压矢量，在其作用期间，直流侧电源与电机之间不产生能量传递作用，只是对电动机的磁链运动轨迹起调节作用. V_0、V_7 的宽度越大，电动机受非零电压

矢量作用的时间越短，输出电压就越低，产生的转矩越小. 因此，图 3.3 中零空间电压矢量的作用时间对逆变器的磁链运动轨迹起决定性作用.

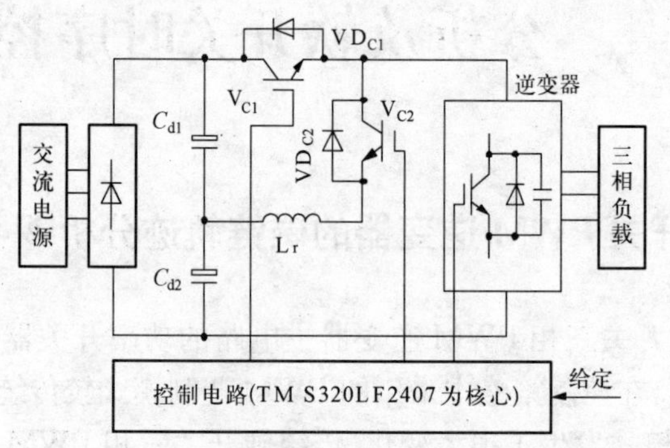

图 3.1　零电压软开关三相 PWM 逆变器控制系统

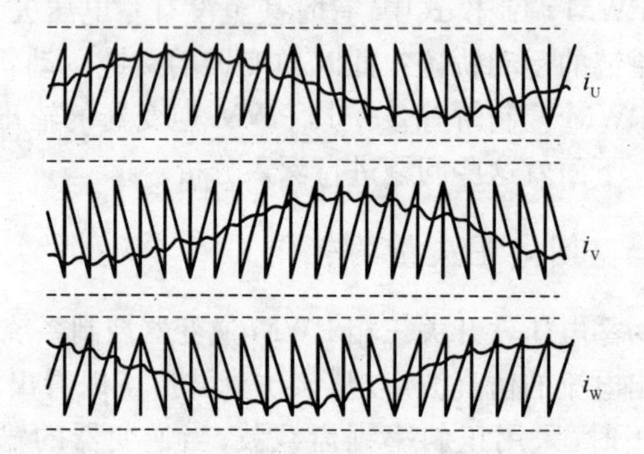

图 3.2　锯齿波正负斜率与电流极性的关系

当三相 PWM 逆变器输出电流极性为负时，由于必须采用负斜率锯齿载波调制. 根据图 3.3 电流极性的假设，V 相电流 $i_V<0$、W 相电流 $i_W<0$，故 V、W 相改用图 3.4 所示的负斜率锯齿载波调制. 因为 U 相电流 $i_U>0$，所以该相仍采用图 3.3 的正斜率锯齿载波来进行调制，图中 U 相调制信号 e_U 略去，只保持了图 3.3 中 U+脉冲的宽度和位置. 可以看出，此时 PWM 逆变器的空间电压矢量从左到右依次为V'_4、V'_6、V'_7、V'_3，V'_4的宽度明显比图3.3中的V_4宽，而且零电压矢量V_0并不出现，与此同时又多出了矢量V'_3. 因此，这里产生了一个疑问，即图3.4的空间电压矢量是否还保持图3.3的PWM调制效果？由图3.4形成的磁链运动轨迹与图3.3是否还保持等效？下面就此进行分析.

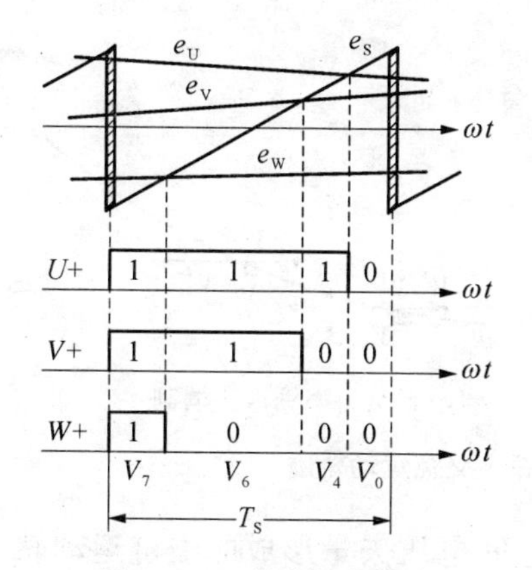

图3.3　正斜率锯齿载波调制生成的脉冲

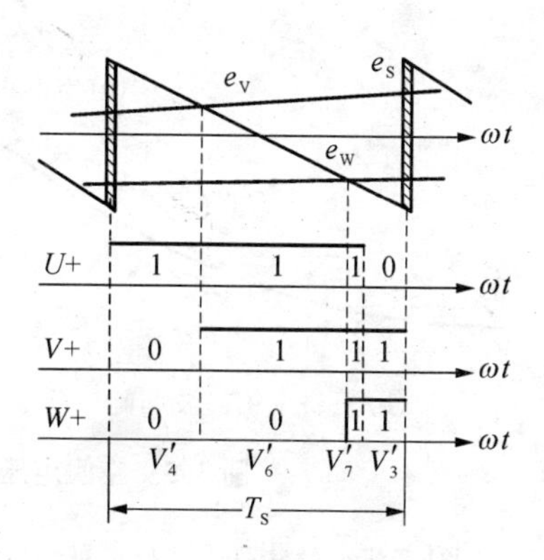

图3.4　正负斜率锯齿载波调制生成的脉冲

3.1.2　磁链运行轨迹调节

图3.5为空间电压矢量的定义及其所形成的磁链运动轨迹. 其中，图3.5a为空间电压矢量的定义，图3.5b对应于图3.3所示的空间电压矢量形成的磁链运动轨迹. 可以看出，在载波周期的开始，空间电压矢量为零矢量V_7，位于图3.5b中的圆弧之上. 此后的空间电压矢量是非零电压矢量V_6、V_4，其形成的磁链轨迹长度对应于图3.3中V_6、V_4的宽度. 该载波周期中的最后一个空间电压矢量是零矢量V_0，也位于图3.5b的圆弧之上. 此后进入了下一个载波周期，又按空间电压矢量为V_7、V_6、V_4、V_0的顺序周而复始，只是各空间电压矢量所形成的磁链轨迹的长度随图3.3中PWM调制信号幅值的变化而变化. 零矢量V_0、V_7起调节磁链运行轨迹的作用.

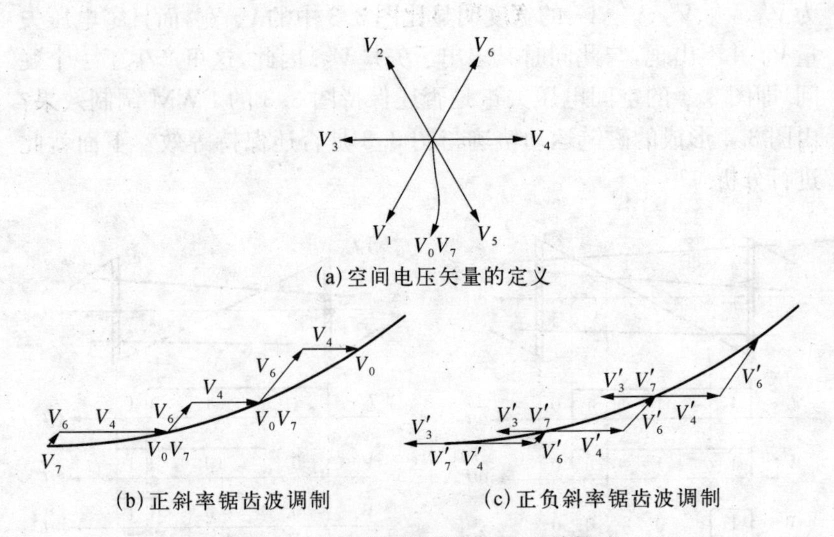

(b)正斜率锯齿波调制　　(c)正负斜率锯齿波调制

图 3.5　空间电压矢量定义及运动轨迹

图 3.5c 对应于图 3.4 所示的空间电压矢量形成的磁链运动轨迹. 在载波周期的开始,空间电压矢量为 V'_4(见图 3.4),其宽度决定了图 3.5c 中磁链轨迹 V'_4的长度,显然比图 3.3 中的 V_4 宽. 接下来的空间电压矢量为 V'_6,其宽度对应于图 3.5c 中磁链轨迹 V'_6的长度. 此后的空间电压矢量为零电压矢量 V'_7,对应于图 3.5c 中磁链轨迹V'_7的长度,位于磁链轨迹圆上. 图 3.4 中最右边一个空间电压矢量是 V'_3,而不是零电压矢量 V_0. 由图 3.5a 知道,V'_3与 V'_4方向相反,对应于图 3.5c 中磁链轨迹 V'_3方向向左. 此后进入下一个载波周期,空间电压矢量周而复始,各段磁链轨迹的长度随图 3.4 中 PWM 调制信号幅值的变化而变化.

设载波周期为 T_S、三相脉冲宽度为 $T_i(i=u,v,w)$,各空间电压矢量的作用时间分别为 $T_j(j=V_0,V_1,\cdots,V_7,V'_0,V'_1,\cdots,V'_7)$,则由图 3.3 可求得

$$T_{V_7}=T_W \tag{3.1}$$

$$T_{V_6} = T_V - T_W \tag{3.2}$$

$$T_{V_4} = T_U - T_V \tag{3.3}$$

$$T_{V_0} = T_S - T_U \tag{3.4}$$

由图 3.4 和式(3.1)～(3.4)可求得各空间电压矢量的作用时间分别为

$$T_{V_7'} = T_W - T_{V_3'} = T_{V_7} - T_{V_0} \tag{3.5}$$

$$T_{V_6'} = T_V - T_W \tag{3.6}$$

$$T_{V_4'} = T_S - T_V = T_U + T_{V_0} - T_V = (T_U - T_V) + T_{V_0} = T_{V_4} + T_{V_3'} \tag{3.7}$$

$$T_{V_3'} = T_{V_0} \tag{3.8}$$

由式(3.2)和式(3.6)看出，在图 3.3 和图 3.4 两种情况下，V_6 和V'_6的作用时间是相同的. 再比较式(3.3)和(3.7)发现，图 3.5c 中空间电压矢量 V'_4的作用时间比图 3.5b 的空间电压矢量 V_4 长了 $T_{V0}(=T_{V_3'})$. 由图 3.5a 知道，图 3.5c 中空间电压矢量 V'_3与 V'_4方向正好相反，正好能抵消掉该长出的作用时间 $T_{V_3'}$，即式(3.7)减去式(3.8)后，结果恰好为 T_{V4}. 因此可以得出，由式(3.6)、式(3.7)和式(3.8)中非零电压矢量的综合作用效果与式(3.2)和(3.3)的作用效果是一致的.

再来分析零电压矢量的作用时间. 由图 3.3 知道，零电压矢量的作用时间为($T_{V7} + T_{V0}$)，而图 3.4 中的零电压矢量作用时间由式(3.5)知道仅为($T_{V7} - T_{V0}$). 显然，后者比前者少作用时间 $2T_{V0}$. 然而在图 3.5c 中为了抵消空间电压矢量 V'_3的作用所需的往返时间是 $2T_{V_3'} = 2T_{V0}$，从而有

$$T_{V_7'} + 2T_{V_3'} = (T_{V_7} - T_{V_0}) + 2T_{V_3'} = T_{V_7} + T_{V_0} \tag{3.9}$$

由式(3.9)可以看出，图 3.4 实质上保持了与图 3.3 相同的零电

压矢量调整时间，所以两种情况下磁链的运动轨迹必然是等效的.

3.1.3 磁链轨迹

图3.6是锯齿载波和正弦调制波的PWM调制示意图.假定各相电流滞后于相电压10°电角度，根据各相电压过零点、电流过零点及各相电压波形相交点等特征点，将一个调制周期可分成18个扇区.图3.7是18个扇区中的PWM模式转换及空间电压矢量.为分析方便，代表性地取6～8扇区中的PWM模式进行分析.如图3.8所示，每个模式自上而下依次为U、V、W三相的PWM脉冲宽度.假定某一段时间内PWM模式工作在第6扇区，此时U相的调制信号 e_U 最大，V相的调制信号 e_V 其次，W相的调制信号 e_W 最小，而且在这段时间中，三相PWM逆变器输出电流的状态分别为 $i_U>0,i_V<0,i_W<0$.根据逆变器输出电流大于零采用正斜率锯齿载波，输出电流小于零采用负斜率锯齿载波的调制原则，有图3.8所示第6扇区的PWM模式.显然U相PWM脉冲宽度最宽，W相最窄.由上述PWM脉冲组成的空间电压矢量依次为 V_4、V_6、V_7、V_3，由其形成的磁链轨迹如图3.9底部的磁链轨迹圆所示.每个载波周期都以上述空间电压矢量周而复始，只是各个空间电压矢量的作用时间随着各自PWM调制信号的幅值而变化，并在一步步变化之中，直至V相电压 e_V 由负过零变正，从而进入第7扇区.

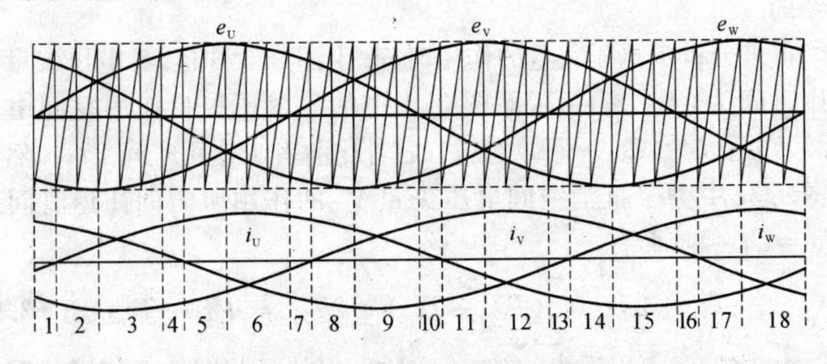

图3.6　正斜率锯齿载波/正弦波调制

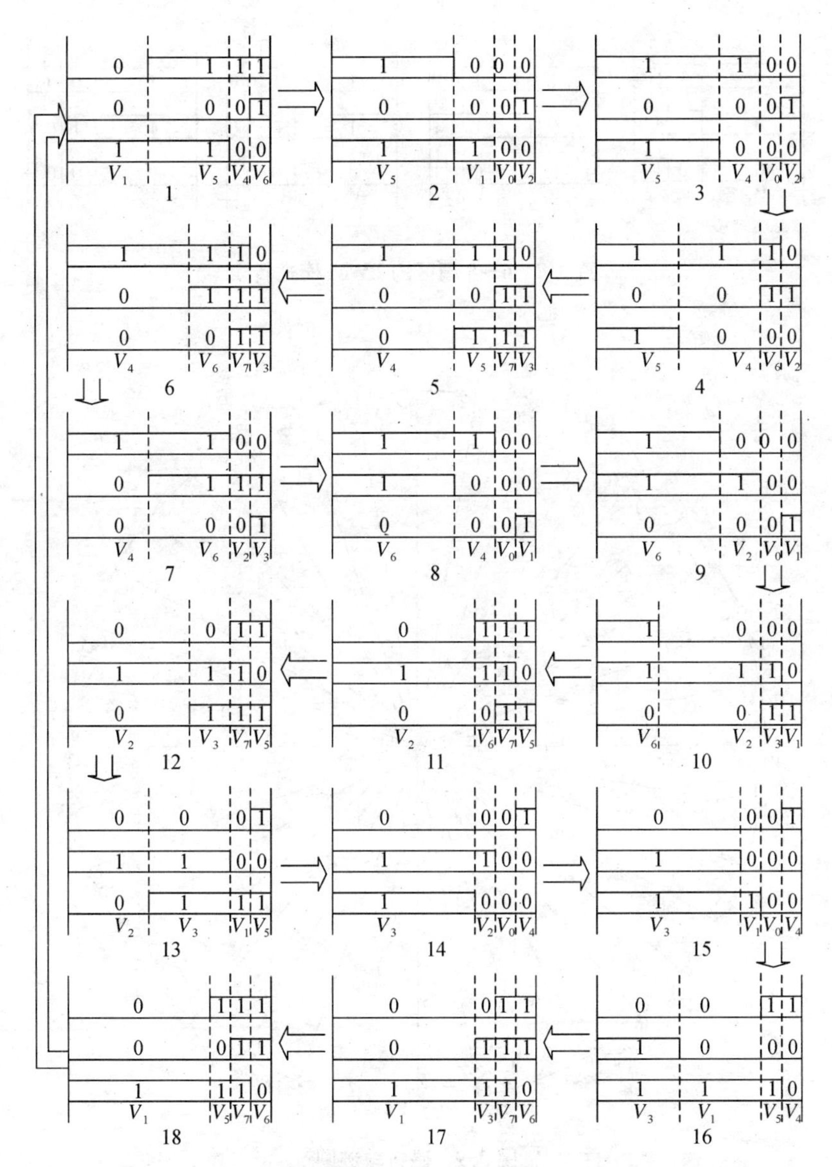

图 3.7　18 个扇区中的 PWM 模式转换及空间电压矢量

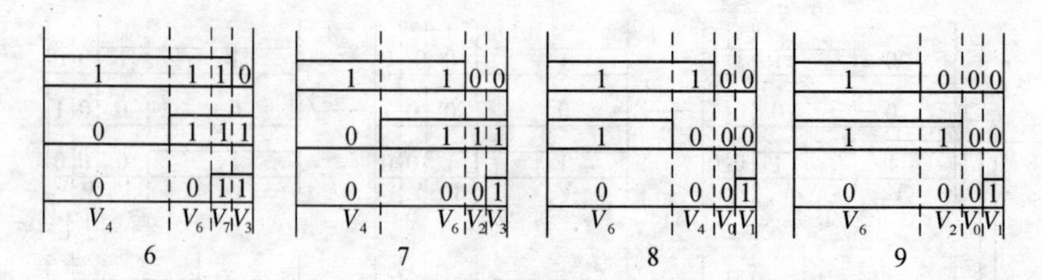

图 3.8　6～8 扇区的 PWM 模式转换

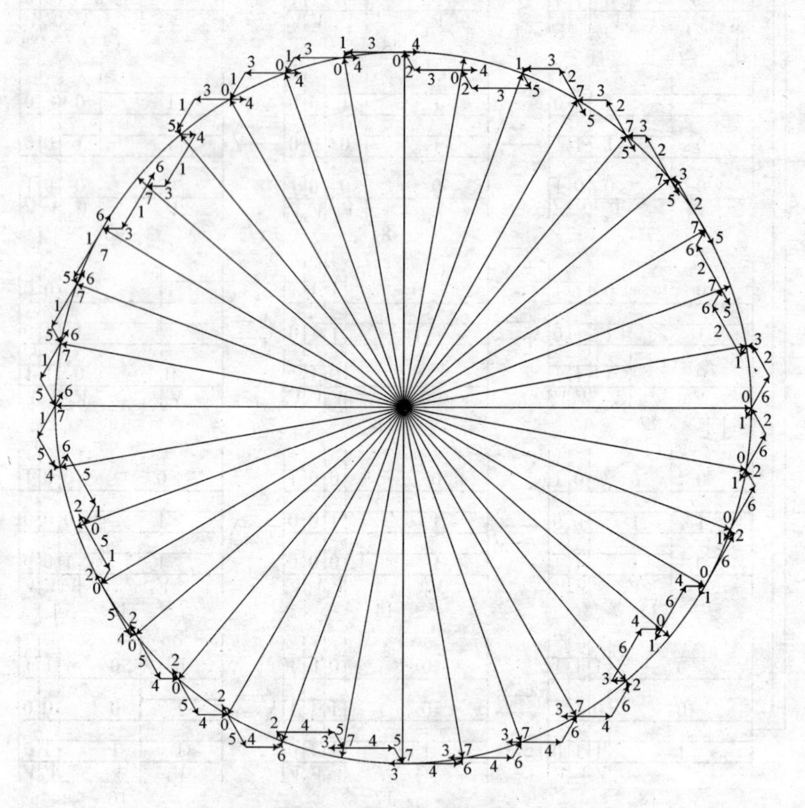

图 3.9　磁链轨迹圆

进入第 7 扇区后，U 相 PWM 脉冲宽度变窄，V 相 PWM 脉冲宽度变宽，W 相 PWM 脉冲宽度变得更窄，但 PWM 逆变器的三相输出电流极性还保持不变，因此有图 3.8 所示的第 7 扇区的 PWM 调制模式. 此时的空间电压矢量依次为 V_4、V_6、V_2、V_3，显然没有零电压矢量，由其组成的磁链轨迹见图 3.9.

在第 7 扇区的末端，逆变器的 V 相电流极性由负变正，PWM 模式进入第 8 扇区. 在此扇区内，PWM 脉冲宽度的大小规律与第 7 扇区相同，但 V 相的载波必须由负斜率锯齿载波改为正斜率锯齿载波，因此得图 3.8 第 8 扇区所示的 PWM 调制模式. 此时的空间电压矢量依次为 V_6、V_4、V_0、V_1，由其组成的磁链轨迹如图 3.9 所示.

在第 8 扇区的最后时刻，逆变器的 U 相 PWM 调制信号 e_U 和 V 相调制信号 e_V 发生交叉，此后 e_V 的幅值大于 e_U 的幅值，逆变器的 PWM 调制模式进入第 9 扇区. 在此期间逆变器输出的三相输出电流极性并没有发生变化，因此，图 3.8 中第 9 扇区的 PWM 脉冲位置与第 8 扇区一样，但 V 相 PWM 脉冲比 U 相 PWM 脉冲的宽度要宽，由此形成的空间电压矢量依次为 V_6、V_2、V_0、V_1，其磁链轨迹如图 3.9 所示.

3.1.4 输出电流波形

图 3.10 是软开关三相 PWM 逆变器的输出电流波形. 从以上的磁链运行轨迹分析可以看出，图 3.5c 中空间电压矢量 V'_4 的长度较图 3.5b 中空间电压矢量 V_4 长出 V'_3，因此，图 3.5c 所示的磁链轨迹比图 3.5b 的磁链轨迹粗糙，造成正负斜率交替锯齿波调制时的输出电流波形较硬开关正弦波三角载波调制时粗糙，同时，在软开关三相 PWM 逆变器输出电流波形中每 60°电角度有一次跳变. 如图 3.10 所示. 这是为了实现零电压开关 PWM 逆变器所付出的一点代价.

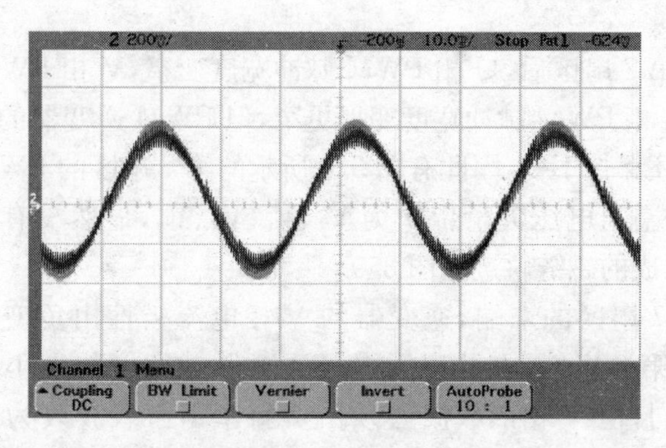

图 3.10　软开关逆变器输出电流波形(10 ms/div,2 A/div)

3.2　输出电流波形的失真与补偿[82~84]

由上一节分析已经知道,由于软开关三相 PWM 逆变器控制策略中采用了斜率的正负随输出电流极性交替变化的锯齿载波进行调制,使逆变器输出电流波形变得粗糙,同时,在软开关三相 PWM 逆变器输出电流波形中每 60°电角度有一次跳变,如图 3.11 所示,势必增加逆变器输出电流波形的失真.为了提高逆变器的输出电流波形的正弦度,必须对该电流波形进行补偿.

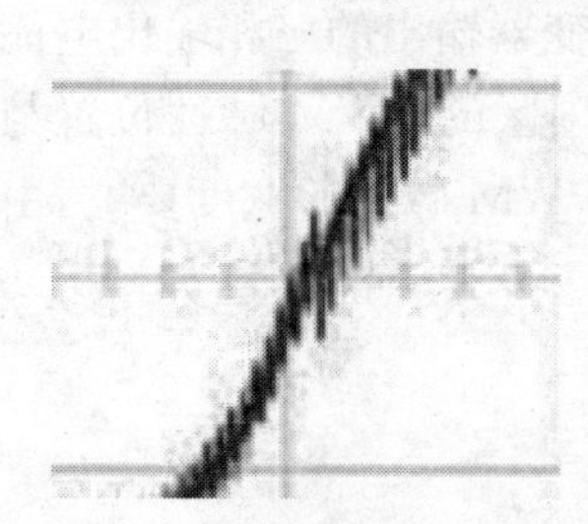

图 3.11　输出电流过零点放大波形

3.2.1　电流波形失真的原因分析

对图 3.10 和图 3.11 所示的逆变器的输出电流波形仔细观察和分析,可以发现输出电流波形的平均值每隔 60°有一个跳变,在输出电流的正半周中向下跳变,负半周中向上跳变.总体表现为逆变器的输出电流波形的峰峰值被压缩,电流有效值减小,使输出转矩减小.下面对这种波形失真的原因进行分析.

从 3.1 节的磁链轨迹分析可以看出，在第 7 扇区中不存在调节磁链运动轨迹的零电压矢量 V_0 和 V_7，此时的磁链运行轨迹完全靠非零电压矢量 V_3 进行调节. 而当磁链轨迹运动到第 8 扇区时，磁链的运动轨迹由轨迹圆的外侧转入轨迹圆的内侧，所以磁链运动轨迹明显凹了进去，形成一个凹坑. 之后，磁链运动轨迹进入第 9 扇区，在此扇区中，U 相的 PWM 调制信号 e_U 和 V 相的 PWM 调制信号 e_V 发生交叉，U 相和 V 相调制信号的电压幅值由 $e_U > e_V$ 变为 $e_U < e_V$，虽然此时逆变器输出的三相电流极性没有发生变化，但 PWM 调制模式却由图 3.8 的第 8 扇区变为第 9 扇区. 上述模式的变迁在每 60°区间内发生一次. 综观图 3.9 所示的磁链轨迹圆，显然在一个正弦波周期内存在 6 次这样的变化，而这些变化出现时的电角度与逆变器的输出电流波形相对应，由此可知，正是由于逆变器的磁链运行轨迹每隔 60°电角度发生一次跳变，从而造成逆变器输出电流波形产生失真(如图 3.10 所示).

3.2.2 电流波形补偿方法

1. 补偿方法之一

在明确了电流波形失真的原因之后，就可设计对其进行补偿，而且所采用的补偿方法不能过于复杂，不要太多地占用系统控制的软硬件资源，降低系统实现的成本.

从图 3.8 所示的 PWM 调制模式可以看出，在第 7 扇区中的空间电压矢量的顺序依次为 V_4、V_6、V_2、V_3；V_4、V_6、V_2、V_3；……，如此周而复始，即空间电压矢量 V_3 之后总是紧跟着空间电压矢量 V_4，或者说空间电压矢量 V_4 在空间电压矢量 V_3 的反向延长线上. 但当模式由第 7 扇区进入第 8 扇区时，紧接空间电压矢量 V_3 后的空间电压矢量不再是 V_4，而是空间电压矢量 V_6，所以造成图 3.9 的磁链轨迹没有回到磁链轨迹圆外，而是进入磁链轨迹圆之内. 显然，空间电压矢量 V_3 的作用

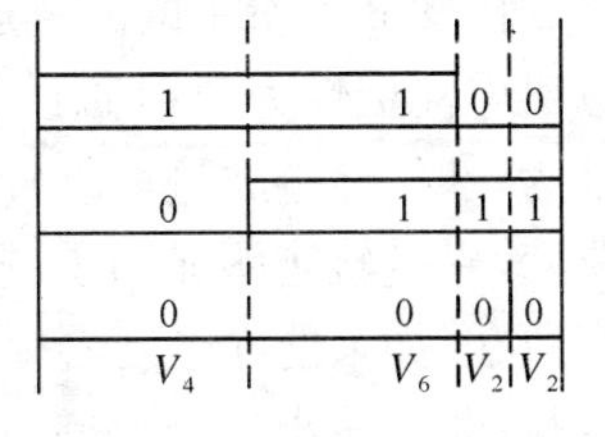

图 3.12　修改后的模式

时间越长，磁链轨迹进到轨迹圆内就越深. 如果在进入第8扇区时，即当检测到逆变器V相输出电流 i_V 的极性发生改变时，立刻将第7扇区的空间电压矢量 V_3 改为矢量 V_2，使这个载波周期的空间电压矢量依次为 V_4、V_6、V_2，形成如图3.12所示的修改后的模式. 在控制逆变器按照图3.12的PWM模式输出后，才进入第8扇区. 在三相PWM逆变器中，三相输出电流的过零点共有6个，所以以上所述的情况在整个磁链轨迹圆内还有5处，它对应于图3.7中的第10、13、16、1、4五个扇区，补偿方法与扇区7的方法相同. 经过这样修改后，所形成的磁链轨迹如图3.13所示，此时的软开关三相PWM逆变器的输出电流波形如图3.14所示. 显然，图3.14所示的输出电流波形比图3.10好，经示波器检测，图3.10所示电流波形中的5次谐波幅值与基波幅值之比为－21.2 dB，经换算后可知，5次谐波幅值是基波幅值的8.71%；而图3.14所示的输出电流波形中，5次谐波幅值与基波幅值之比为－41.3 dB，即5次谐波幅值是基波幅值的0.86%. 可以看出，补偿以后，电流波形质量明显获得改善.

2. 补偿方法之二

仔细观察图3.10所示逆变器的输出电流波形还发现，输出电流波形的跳变都是在电流极性改变时发生的. 而在软开关三相PWM逆变器控制策略中，该电流极性的变化决定了锯齿载波正负斜率的切换，因此，启发了我们从正负斜率锯齿载波调制生成的脉冲宽度上对软开关三相PWM逆变器输出电流波形失真进行补偿.

由图3.9所示的磁链运动轨迹中可以看出，在三相PWM逆变器输出电流极性为负时磁链轨迹在轨迹圆的外侧，反之当输出电流极性为正时，磁链轨迹就跳转到轨迹圆的内部. 从而产生了一个较大的跳变，磁链轨迹明显凹了进去. 这就是逆变器电流波形出现失真的原因所在. 如果能在逆变器输出电流极性发生改变时对PWM脉冲宽度进行调整，减小磁链轨迹中的凹坑，就可以使逆变器输出电流波形得到改善.

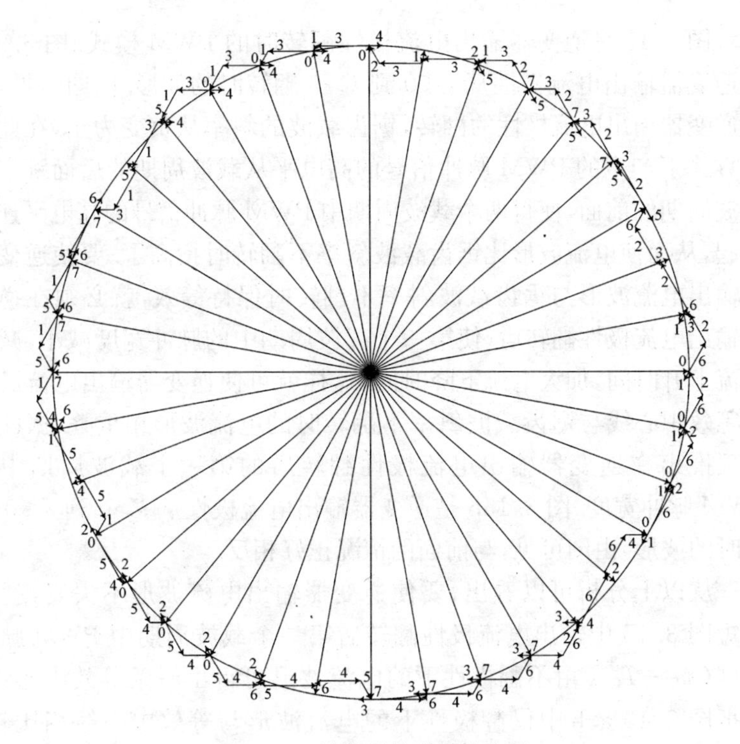

图 3.13　补偿后的磁链轨迹圆

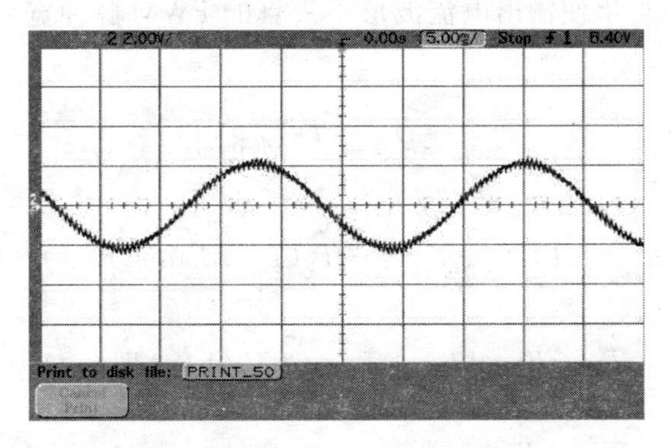

图 3.14　补偿后的输出电流波形(5 ms/div,2 A/div)

图 3.15 是逆变器输出电流极性翻转时的 PWM 模式. 图 3.15a 是逆变器输出电流极性从 $i<0$ 到 $i>0$ 翻转时的波形. 由图可见,由于逆变器输出电流极性的翻转,锯齿载波的斜率从负变为正,在此调制方式下产生的 PWM 脉冲信号的高电平从载波周期的后面跳变到载波周期的前面,使得两个载波周期中 PWM 脉冲信号的高电平连在一起,从而使电流波形比锯齿载波斜率不翻转时抬高了. 要使逆变器的输出电流波形与锯齿载波斜率不翻转时保持等效,就必须在逆变器输出电流极性翻转后,使第一个载波周期中的脉冲宽度减小,减小电流上升时间,加大电流下降时间,这样就可使逆变器输出电流波形的等效中心线与锯齿载波斜率不翻转时的电流波形相重叠. 据此就可反推出在逆变器输出电流极性翻转后的第一个载波周期中的 PWM 脉冲宽度. 图 3.15b 是逆变器输出电流极性从 $i>0$ 到 $i<0$ 翻转时的波形,由图可见,与前面的情况正好相反.

从以上分析可以看出,要使逆变器输出电流波形不失真,就要缩短图 3.15 中输出电流极性翻转后第一个载波周期中 PWM 脉冲宽度(T_S-T_C). 由不翻极性下的电流波形可得出一条等效中心线,再把图 3.15 a、b 中仅翻极性下的电流波形与等效中心线相比较,就可以得到锯齿载波斜率翻转时不失真电流波形,通过对脉冲宽度比较,就可得出使输出电流波形不失真的 PWM 脉冲宽度 T_a,计算如下:

$$T_c=\frac{T_S}{2}-\frac{T_S}{2}M\sin\omega t \tag{3.10}$$

$$T_b=\frac{7}{4}T_c=\frac{7}{8}T_S(1-M\sin\omega t) \tag{3.11}$$

$$\begin{aligned}T_a&=T_S-T_b=T_S-\frac{7}{8}T_S(1-M\sin\omega t)\\&=\frac{T_S}{8}+\frac{7}{8}T_SM\sin\omega t\end{aligned} \tag{3.12}$$

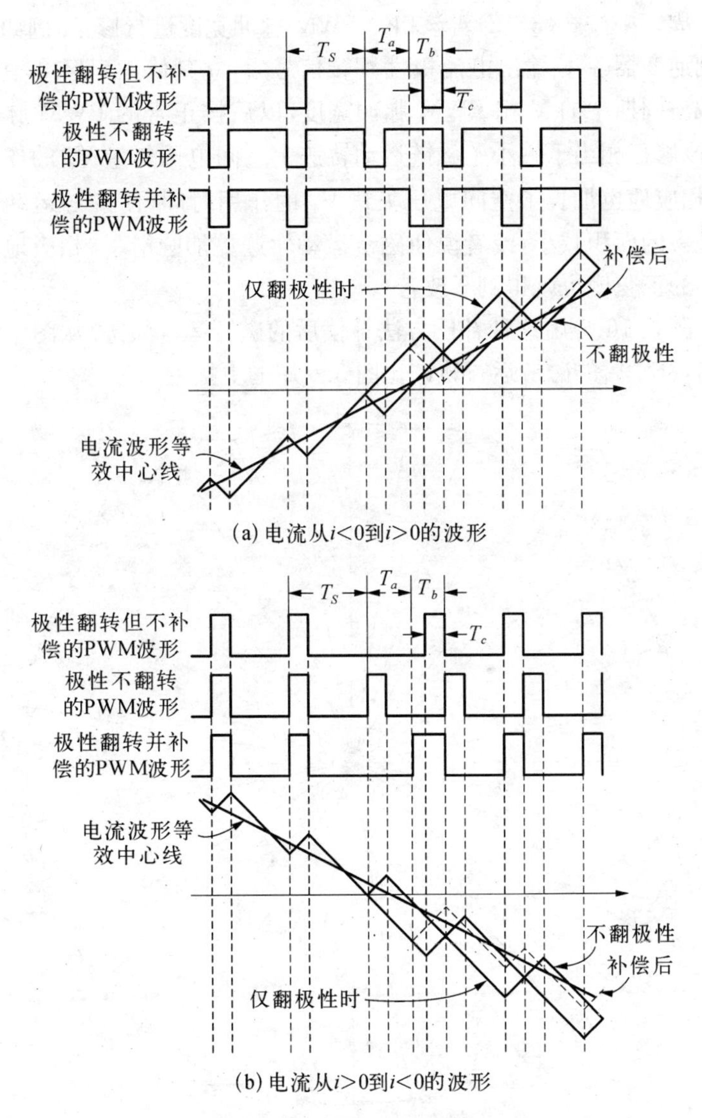

图 3.15　电流极性翻转时的 PWM 模式

当逆变器某一相输出电流极性翻转时，在电流翻转后的第一个载波周期中按式(3.12)对该相的 PWM 脉冲宽度进行修正. 例如当检测到逆变器 V 相输出电流极性翻转信号后，立刻修正扇区 8 中第一个载波周期中的 V 相 PWM 脉冲宽度，以后按正常的 PWM 脉冲运行. 该修正相当于减小了磁链运动轨迹上空间电压矢量 V_6 的作用时间，相应地也加长了空间电压矢量 V_4 的作用时间，使磁链运动轨迹凹进去的面积减小，或者说使磁链运动轨迹更加圆滑了，相应地电流波形的正弦度也就得到了改善.

图 3.16 为用这种补偿方法补偿后的磁链运行轨迹. 从图中可以看出，补偿后的磁链运行轨迹比图 3.9 中的更接近于圆. 图 3.17 是补

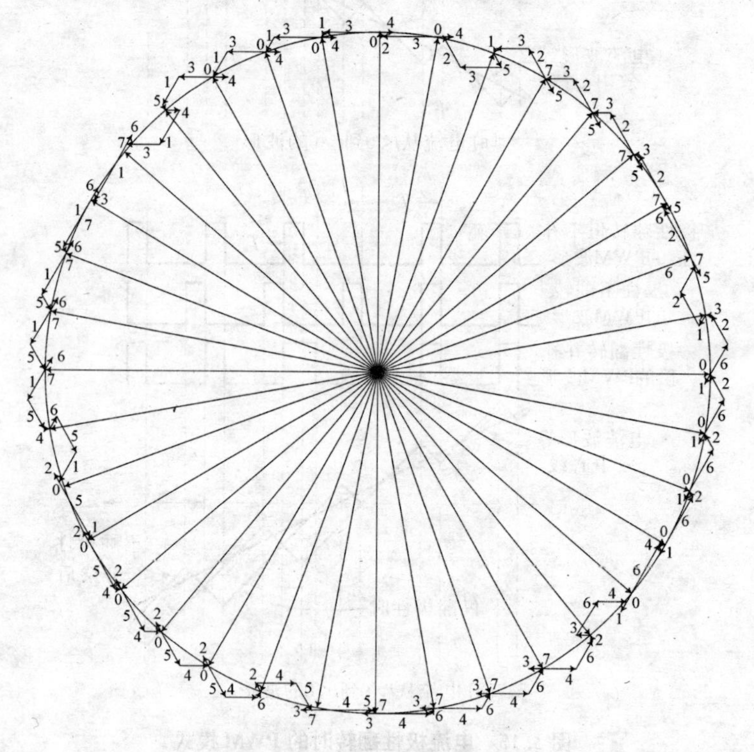

图 3.16　补偿后的磁链轨迹

偿后的逆变器输出电流波形. 与图 3.10 相比,可以明显地看出,补偿后逆变器的输出电流波形正弦度要好得多,经示波器检测,图 3.17 所示电流波形的 5 次谐波的幅值与基波幅值比的分贝数为 −42.8 dB,即 5 次谐波幅值是基波幅值的 0.73%.

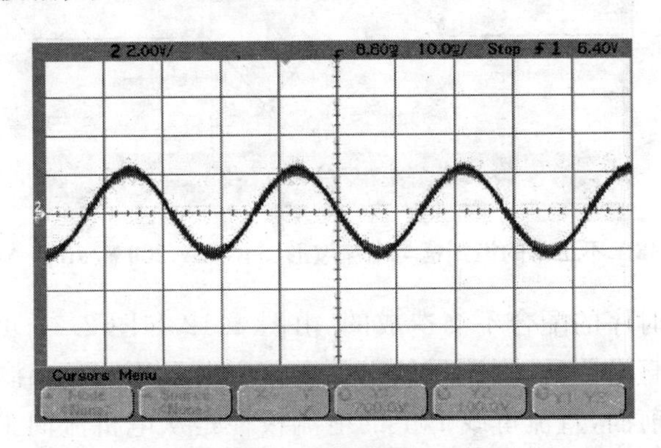

图 3.17　补偿后的输出电流波形(10 ms/div,2 A/div)

3.3　软开关谐振槽的控制及时序分析[85]

在实验调试过程中发现直流母线上的谐振槽与理论分析的波形不太一样,如图 3.18 所示. 图中,上曲线为直流母线电压 U_{PN} 的波形,下曲线为谐振电感电流 i_{Lr} 的波形. 在图 3.18 所示谐振槽底的中间,谐振电感电流 i_{Lr} 过零后直流母线电压开始上升,而后又重新返回到零. 从图 2.3 的软开关谐振的动作时序上可知,该谐振槽底前面电压为零的区间是由于谐振所形成的,是真正的谐振槽,后边的电压为零区间是由于加上的 V_S 短路信号形成的,不是真正的谐振槽. 为了保证 PWM 逆变器主电路的功率开关器件能实现软开关动作,下面就分析谐振槽中间直流母线电压不为零的原因.

由图 3.18 可以看出,谐振槽中直流母线电压 U_{PN} 的上升是从谐振电感电流 i_{Lr} 过零后开始上升的,这主要是由于 PWM 驱动信号和

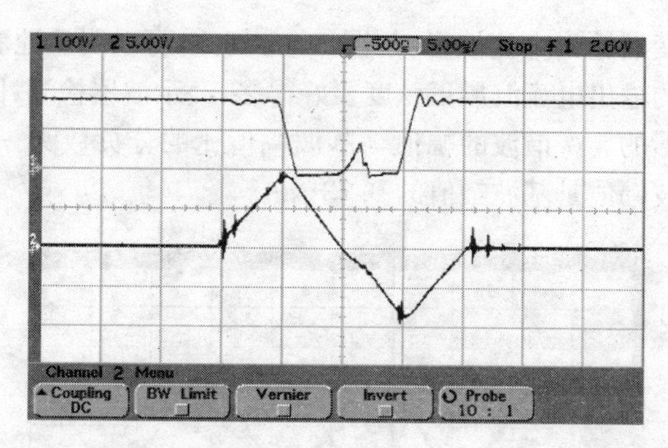

图 3.18　不正常的谐振槽与电流波形(5 μs/div,200 V/div,5 A/div)

谐振动作时序的配合不当造成的. 由图 2.12 和图 2.13 可知,在锯齿载波垂直沿前后,直流母线上的电流方向是不同的,在锯齿载波垂直沿的前面,直流母线 P 上的电流极性是从电机流向平波电容,反之在锯齿载波垂直沿的后面,直流母线 P 上的电流方向是从平波电容流向电机. 为了防止逆变器桥臂上、下功率开关器件的直通,PWM 驱动信号生成时加入了死区时间 T_d,把 PWM 驱动信号的开通沿延时了一个 T_d,这样,由于逆变器功率开关器件的关断时刻位于锯齿载波的垂直沿处,而开通时刻在锯齿载波垂直沿后 T_d 时刻(见图 3.19).

图 3.19 是逆变器中 U 相 PWM 驱动信号和软开关谐振动作时序. 图中 e_S 和 e_U 分别为锯齿载波信号和 U 相的调制信号;$DRIVE_{V1}$ 和 $DRIVE_{V2}$ 分别是逆变器中 U 相桥臂上、下功率开关器件的驱动信号;$DRIVE_{Vc1}$、$DRIVE_{Vc2}$ 为辅助谐振功率开关器件 V_{C1}、V_{C2} 的驱动信号;$DRIVE_{Vs}$ 为使逆变器上、下桥臂短路的驱动信号;i_{Lr} 为谐振电感 L_r 的谐振电流;U_{PN} 为直流母线间电压. 从图 3.18 可知,软开关谐振动作共有 9 个模式. 为分析谐振槽中电压不为零的原因,对模式 a～f 中的电流动态过程进行分析,如图 3.20 所示. 由图 3.19 可看出,PWM 驱动信号在模式 d 中进行切换,PWM 逆变器的直流母线电流

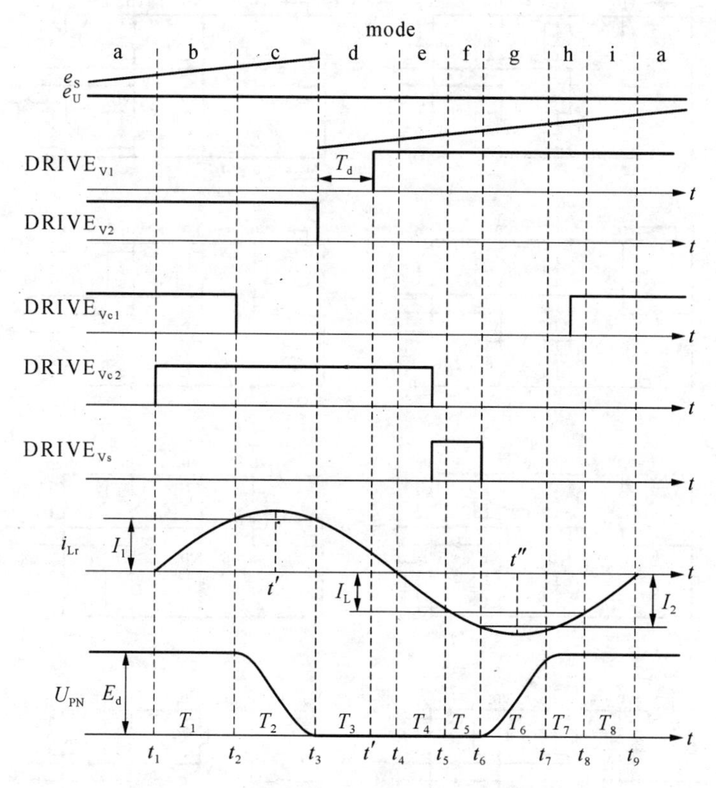

图 3.19　PWM 驱动信号及谐振动作时序

i_L 的方向在 t_4 时刻进行换向. 由图 3.20 可见，在即 t_4 时刻前，直流母线电流 i_L 从负载流向谐振电感 i_{Lr}，而在即 t_4 时刻之后，直流母线电流 i_L 是从谐振电感 i_{Lr} 流向负载. 所以在模式 d 中，由于直流母线电流小于负载电流，负载电流中的一部分通过谐振电感 L_r 形成回路，另一部分则通过续流二极管，使直流母线电压 U_{PN} 维持在零电压. 在模式 e 中，虽然直流母线电流 i_L 的方向已经换向，但由于此时负载电流大于直流母线电流 i_L，所以负载电流的一部分是由直流母线电流提供，另一部分则是通过续流二极管进行续流，不会对缓冲电容进行充电，以维持直流母线电压 U_{PN} 为零电压. 使谐振动作正常进行.

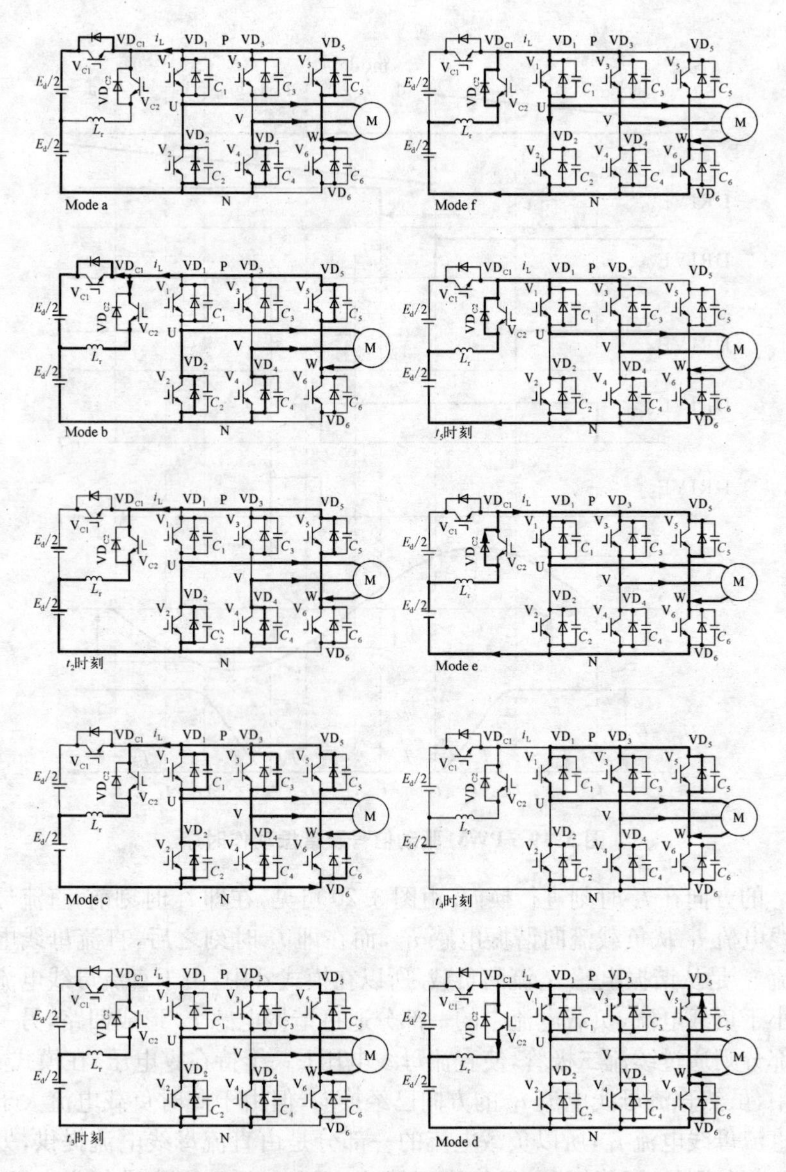

图 3.20　模式 a～f 中的电流动态过程

再来检查一下图 3.18 所示谐振槽波形中的 PWM 驱动信号和谐振动作时序，发现此时 PWM 驱动信号 $DRIVE_{V1}$ 的开通时刻较晚，发生在 t_4 时刻之后，即在模式 e 中才开通. 在模式 e 中，直流母线电流 i_L 的方向已经换向，如图 3.21 所示. 此时谐振电感的电流 i_{Lr} 过零变负，而 PWM 逆变器的 U 相和 V 相上桥臂以及 W 相下桥臂的功率开关器件还没有开通，这样负载电流的一部分通过谐振电感 L_r 构成回路，另一部分则必须通过与逆变器 U 相和 V 相上桥臂功率开关器件并联的缓冲电容构成回路，形成谐振电感的电流 i_{Lr} 和负载电流共同向逆变桥上的缓冲电容 C_1、C_3、C_6 充电，使得直流母线电压 U_{PN} 上升. 之后 PWM 逆变器的 U 相和 V 相上桥臂以及 W 相下桥臂的功率开关器件开通，缓冲电容 C_1、C_3、C_6 上的充电电荷通过逆变器桥臂的功率开关器件短路而释放，使得直流母线电压又重新返回到零电压. 此时谐振电感电流 i_{Lr} 和负载电流通过上桥臂的功率开关器件形成回路，进入模式 f，继续后面的模式. 由于此原因，形成图 3.18 所示不正常的谐振槽. 通过以上分析可以知道，在这种的方式下进行 PWM 驱动信号的切换，就会使功率开关器件在其两端电压不为零的情况下开通，不能实现完全的软开关动作.

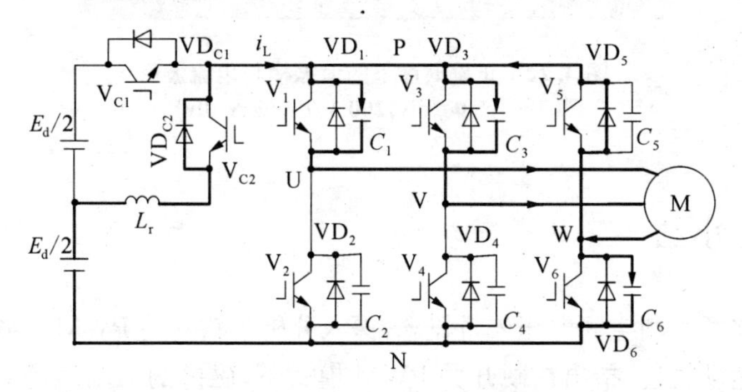

图 3.21　控制时间不当时的电流回路

要使谐振动作正常地进行，形成理想的谐振槽波形，实现逆变器功率开关器件的软开关动作，就必须使 PWM 驱动信号和谐振电路的动作时序按一定的时序配合，即 PWM 驱动信号的开通动作一定要控制在谐振电感电流 i_{Lr}变负之前（在模式 d 中切换），这样就能保证在谐振电感电流 i_{Lr}变负后，谐振电感电流 i_{Lr}和负载电流不向缓冲电容充电，形成理论分析所述的理想谐振槽，使三相 PWM 逆变器主电路功率开关器件实现 ZVS 软开关动作.

通过上述分析后，调整 PWM 驱动信号和软开关谐振电路的动作时序，保证 PWM 驱动信号的开通在谐振电感电流 i_{Lr}反向变负之前. 调整后的实验波形如图 3. 22 所示，谐振槽底部非常平坦，明显优于图 3. 18.

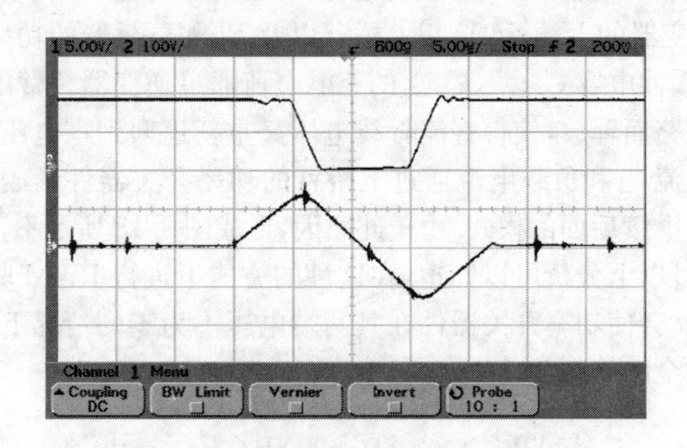

图 3. 22　正确时序下的谐振槽与电流波形
(5 μs/div, 200 V/div, 5 A/div)

3. 4　小结

本章利用空间电压矢量概念，深入分析了软开关 PWM 模式下磁链的运动轨迹. 指出在硬开关 PWM 模式下，磁链的运动轨迹靠零空间电压矢量进行调节. 而在软开关 PWM 模式下，空间电压矢量的作用时间发生了很大变化，有时甚至没有零空间电压矢量. 但该模式下磁链的运动轨迹依靠非零空间电压矢量进行调节，使得磁链的运动轨迹仍保持与硬开关时等效. 并给出了相应的软开关三相 PWM 逆变器磁链运动轨迹.

文章还分析了软开关 PWM 逆变器电流波形畸变的原因,提出两种相应的补偿方法,有效地改善了逆变器的输出电流波形. 并对实验中谐振槽不正常的原因进行了分析,阐述了本软开关三相 PWM 逆变器中的 PWM 驱动信号与谐振时序间的关系.

第四章　软开关三相 PWM 逆变器的实验研究

4.1　软开关三相 PWM 逆变器控制系统

图 4.1 所示为软开关三相 PWM 逆变器控制系统图，图中三相交流电源经过二极管整流电路变换为直流电源，为逆变器提供直流电源. 右面的功率开关器件 IGBT 是 PWM 逆变器，把直流电源变换为频率可调的三相交流电源，驱动三相异步电动机. 中间的功率开关器件 V_{C1} 和 V_{C2}、二极管 VD_{C1} 和 VD_{C2}、谐振电感 L_r、电容 C_{d1}、C_{d2} 构成谐振直流环节的辅助谐振电路，通过该电路产生谐振，在直流母线上周期地形成谐振槽，为后面的逆变器的功率开关器件 IGBT 提供软开关工作的条件. 控制电路是软开关三相 PWM 逆变器的控制核心，完成

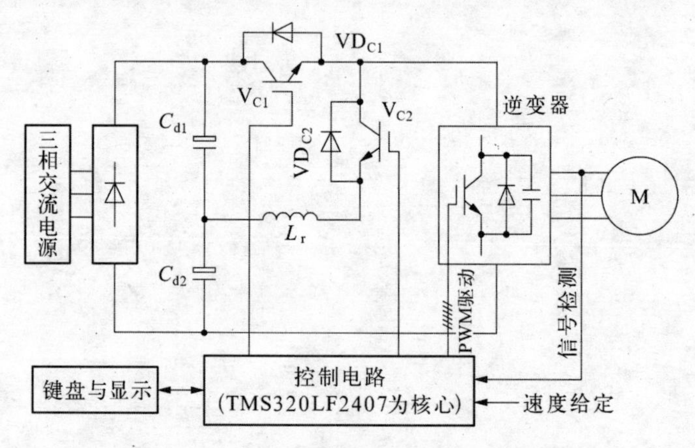

图 4.1　软开关三相 PWM 逆变器控制系统

信号检测、控制算法的计算、逆变器各种功能的设置、PWM 驱动信号的生成、各种保护功能的实现以及对驱动信号的功率放大.键盘和显示完成对逆变器各种控制功能的输入以及逆变器中各种状态的输出显示.

1. 控制电路

控制电路是以美国德州仪器(TI)公司生产的 TMS320LF2407A DSP 芯片为核心,这种 DSP 是专为电机控制而设计的[86~88].它将 16 位的定点 DSP 内核、微控制器及外围设备(包括寄存器、PWM 产生器、A/D 转换器等)都集成在一块芯片上,其执行速度达 30 MIPS,几乎所有的指令均可在 30 ns 的单周期内完成,从而提高了控制器的实时控制能力.

软开关三相 PWM 逆变器控制电路首先要实现变频器的控制功能,即对三相逆变桥中的 6 个功率开关器件进行控制,包括:三相 PWM 驱动信号的生成,转矩提升,加减速控制,系统运行和停止,正反转控制以及各种保护等功能.关于这些功能的实现已有成熟的控制算法,在此不再赘述.

辅助谐振电路的控制是软开关三相 PWM 逆变器实现软开关动作的控制核心,通过第二章中软开关动作时序分析可知,辅助谐振电路中的驱动信号有三个: V_{C1}、V_{C2}、V_S.这三个驱动信号的生成可以有两种方法:一种是通过 DSP 中的软件进行时序的处理,通过事件管理器的 PWM 功能口输出,经过驱动电路去控制辅助谐振电路的动作.但由于辅助谐振电路中的三个驱动信号的时序是独立的,需要用三个定时器来控制,所以占用 DSP 定时器较多;另一种方法是利用 DSP 的一个定时器生成驱动信号 V_{C2} 的开通沿,通过 TxPWM 口输出到外电路,经过硬件延时生成三个信号,这种方法占用 DSP 的定时器少,但需要硬件投资.本软开关三相 PWM 逆变器由于是双 PWM 变频器中的一部分,DSP 中的定时器资源较紧张,所以采用了后一种方法.

2. 功率模块

本实验采用 ASIPM 智能功率模块作为三相逆变器主电路[89],这种功率模块把 IGBT 功率开关器件、驱动电路和保护电路集成在一起，提高系统的抗干扰能力和功率密度，使功率芯片的容量得到了最大限度的利用. 三个上桥臂功率开关器件 IGBT 的驱动电路和高低压电平转换电路，采用单一电源供电的自举电路，使 6 个功率开关器件的驱动电路采用同一个电源供电，所以由 DSP 发出的驱动信号不需要光耦隔离. 图 4.2 即为本实验所用的 PS12038 型 ASIPM 的内部电路的结构框图. 从图中可看出，功率模块 PS12038 的内部集成了各种功能，其中包括：功率开关器件 IGBT 的驱动电路、各种保护电路（控制电源欠压锁定 UV、过流保护 OC、短路保护 SC）、发生保护动作时的故障信号输出电路、防止上下桥臂同时导通的内部自锁电路、下桥臂 IGBT 母线电流检测功能，以及检测基板温度的热敏电阻等. 只要控制电源欠压锁定 UV、过流保护 OC、短路保护 SC 三个中有一个保护电路起作用，功率开关器件 IGBT 的门极驱动电路就被封锁，同时产生一个故障输出信号 Fo，使逆变器主电路关断，保护功率模块. 在

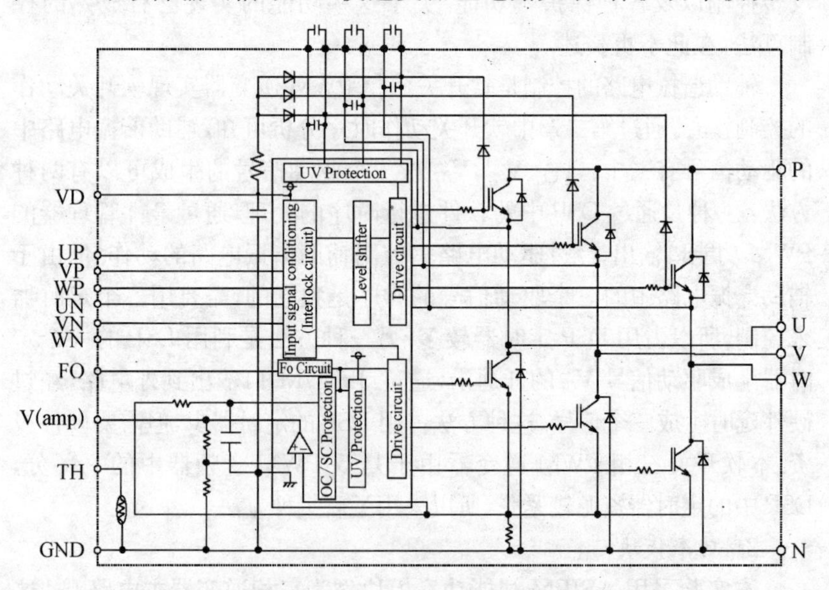

图 4.2　PS12038 型 ASIPM 模块的内部电路的结构框图

ASIPM 中靠近 IGBT 芯片的绝缘基板上安装有温度传感器. 若基板的温度超过过热断开阈值(T_{OT}), ASIPM 内部的保护电路产生一个过热保护信号 TH, DSP 检测到该信号后, 使逆变器停止工作, 从而达到了保护功率模块的目的.

辅助谐振电路功率开关器件采用富士公司生产的 2MBI50L-120, 额定电压为 1 200 V, 额定电流为 50 A.

4.2 实验波形与结论

在软开关三相 PWM 逆变器实验中, 系统的载波频率为 2.5 kHz, 谐振电感 $L_r=6\ \mu H$, 缓冲电容 $C_1\sim C_6$ 为 14.7 nF, 三相异步电动机为 4 极电机, 额定频率为 50 Hz, 额定转速 $n_N=1\ 720$ r/min, 额定功率 $P_N=1.1$ kW, 额定电压 $U_N=220$ V(Y 形联结), 额定电流 $I_N=4.93$ A.

1. SAPWM 调制信号波形

图 4.3 所示为软开关三相 PWM 逆变器的 SAPWM 调制信号. 由于该 PWM 调制是通过软件实现的, SAPWM 波形不能直接进行观测, 所以该信号是对 DSP 生成的 PWM 驱动信号通过滤波生成的. 图 4.4 是 SAPWM 调制生成的 U、V 两相桥臂上功率开关器件的

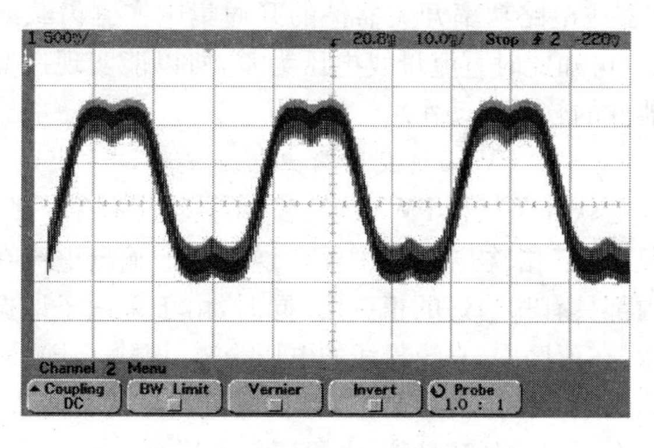

图 4.3 SAPWM 调制信号波形

PWM 驱动信号及生成的线电压波形. 图中顶上波形和底下波形分别是 U、V 两相上功率开关器件的驱动信号，中间的波形是由 U、V 两相上功率开关器件驱动信号经示波器滤波生成的线电压波形，从波形上看线电压具有较好的正弦度.

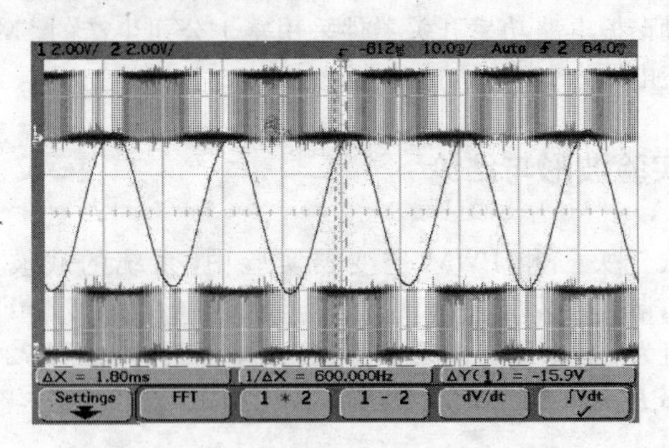

图 4.4　SAPWM 驱动信号与线电压波形

2. 谐振槽与谐振电流波形

图 4.5 是软开关三相 PWM 逆变器谐振槽与谐振电流波形，图 b 是图 a 的放大图. 其中上曲线是直流母线电压波形，即谐振槽，下曲线是谐振电感上的电流波形. 采用正负斜率交替的锯齿载波能使三相 PWM 逆变器主电路功率开关器件的开通集中在锯齿载波的垂直沿处，由图 4.5 可知此时直流母线电压为零，所以能实现逆变器主电路功率开关器件的软开通动作.

3. 软开关三相 PWM 逆变器输出电流波形

图 4.6 是软开关三相 PWM 逆变器不同输出频率下的电流波形. 从图中可见，该三相软开关 SAPWM 逆变器的输出电流在整个输出频率范围内都具有相当好的正弦度. 同时，由于采用了谐振直流环节软开关技术，在死区中，直流母线的电压为零，消除了 PWM 逆变器死区电压对输出电流波形的影响，不存在电流波形的交越失真，所以这种逆变器具有较好的低速性能，电机运行平稳.

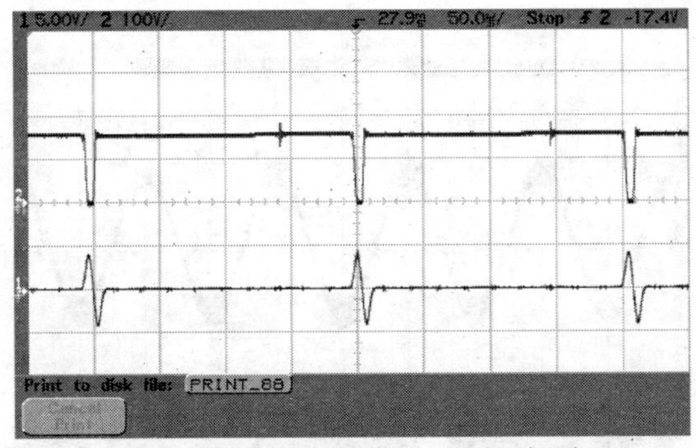

(a) (50 μs/div, 5 A/div, 200 V/div)

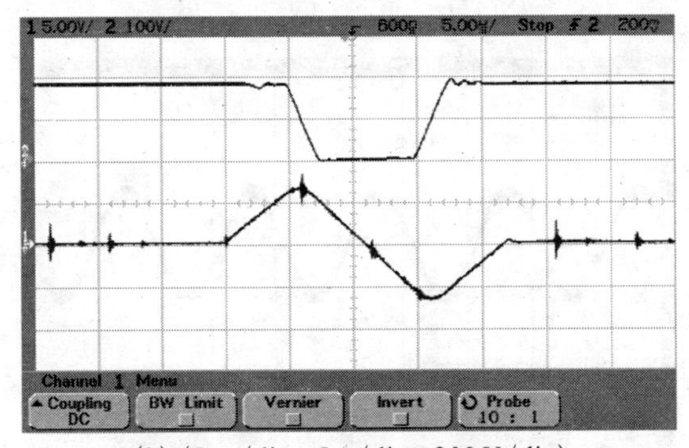

(b) (5 μs/div, 5 A/div, 200 V/div)

图 4.5 直流母线电压谐振槽波形

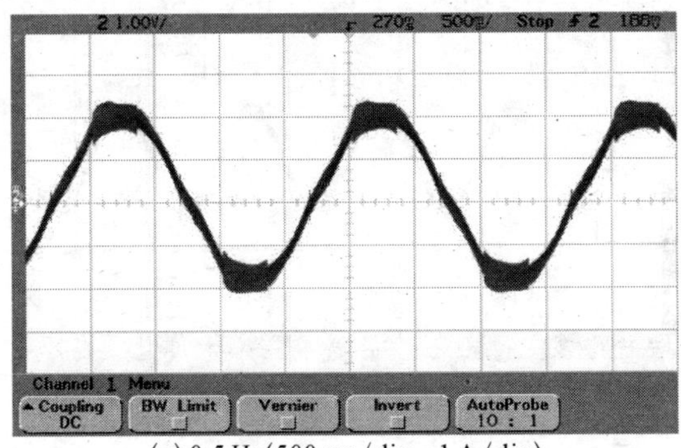

(a) 0.5 Hz(500 ms/div, 1 A/div)

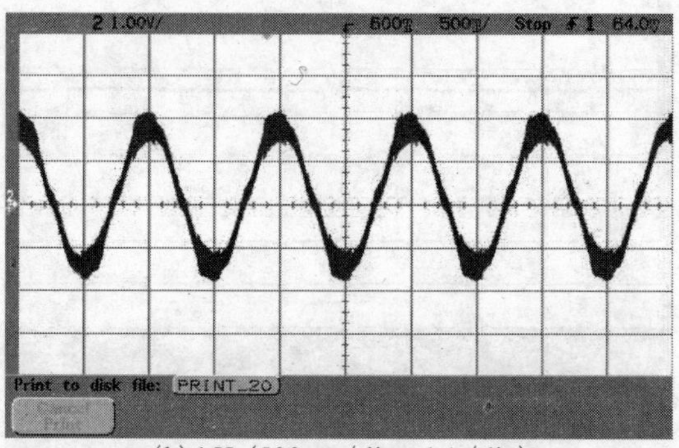

(b) 1 Hz(500 ms/div, 1 A/div)

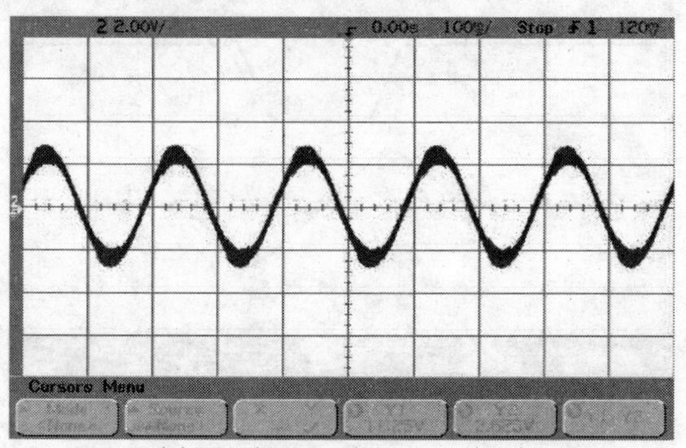

(c) 5 Hz(100 ms/div, 2 A/div)

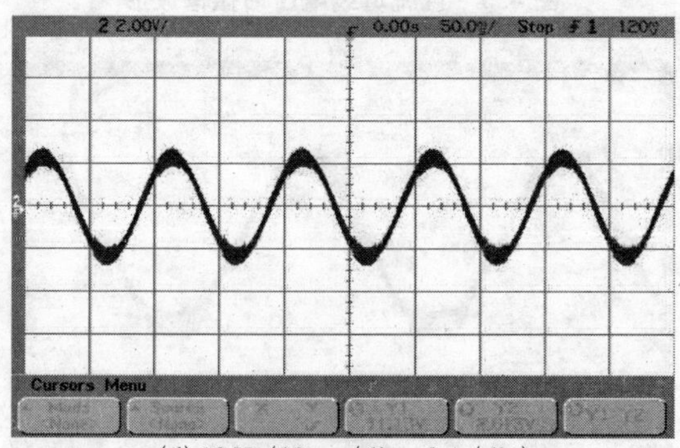

(d) 10 Hz(50 ms/div, 2 A/div)

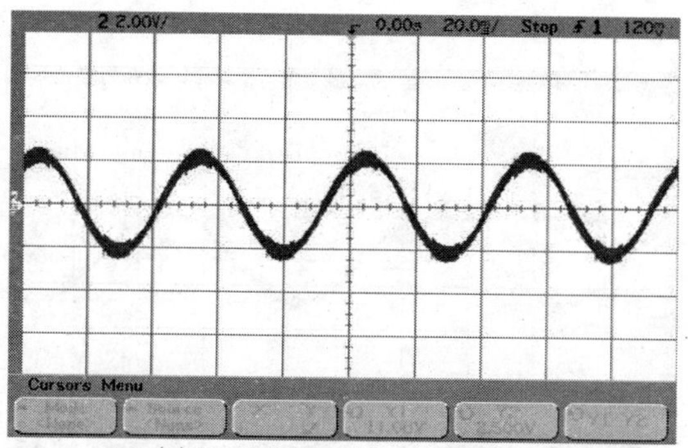

(e) 20 Hz(20 ms/div, 2 A/div)

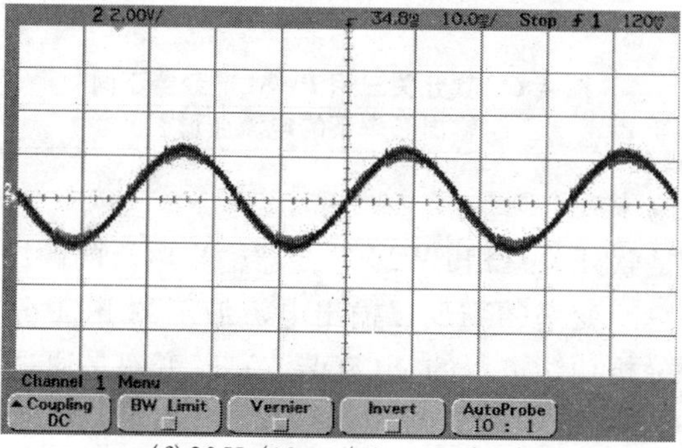

(f) 30 Hz(10 ms/div, 2 A/div)

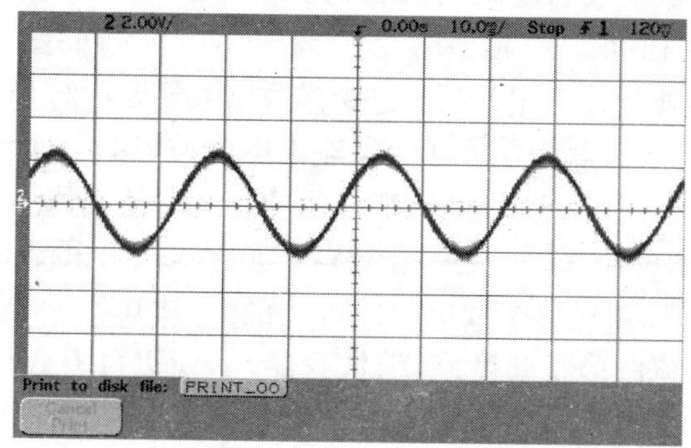

(g) 40 Hz(10 ms/div, 2 A/div)

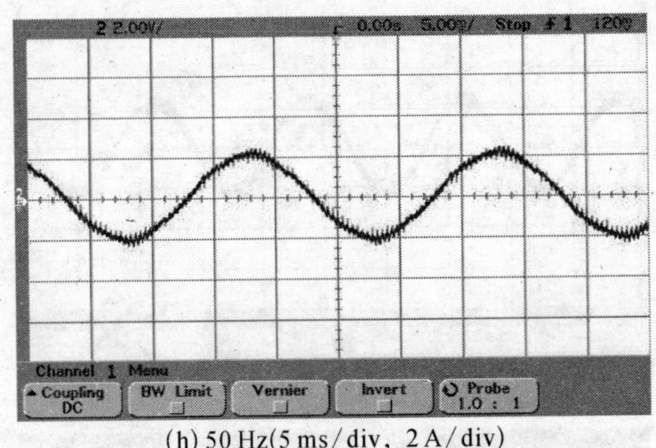

(h) 50 Hz(5 ms/div, 2 A/div)

图 4.6　软开关三相 PWM 逆变器不同输出频率下的电流波形

4. 谐波分析

图 4.7 是软开关三相 PWM 逆变器输出电流的频谱(FFT)分析及电流谐波总畸变率(THD_{i}). 输出电流波形的 FFT 分析是通过示波器的频谱分析功能进行的,电流谐波总畸变率是通过 FLUK 表测量的. 从图 4.7a～g 中可以看出,软开关三相 PWM 逆变器输出电流波形的 5 次谐波与基波幅值之比在－31.9～－44.7 dB 之间,即 5 次谐波的幅值是基波幅值的 2.54%～0.58%之间. 图 4.8 是没有进行补偿的硬开关三相 PWM 逆变器输出电流波形的 FFT 分析. 由图可知,硬开关三相 PWM 逆变器输出电流波形的 5 次谐波与基波幅值之比为－17.5 dB,即 5 次谐波的幅值是基波幅值的 13.3%. 从图 4.7h 所示可知,软开关三相 PWM 逆变器输出电流的谐波总畸变率为 1.5%. 通过这个数据比较可以说明,软开关三相 PWM 逆变器的输出电流波形正弦度高,谐波含量小,所以可有效地降低了系统的谐波干扰.

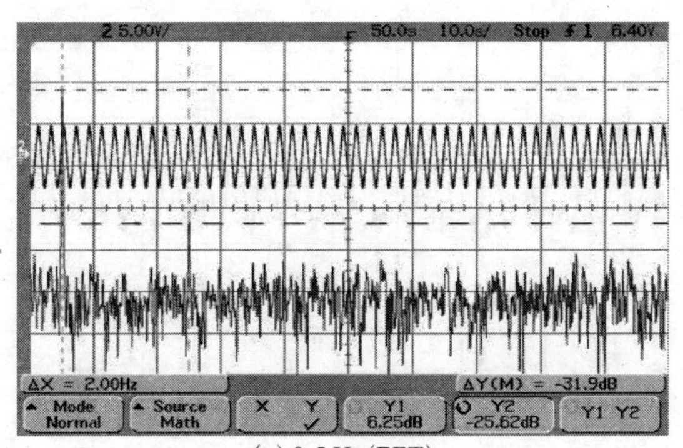

(a) 0.5 Hz(FFT)

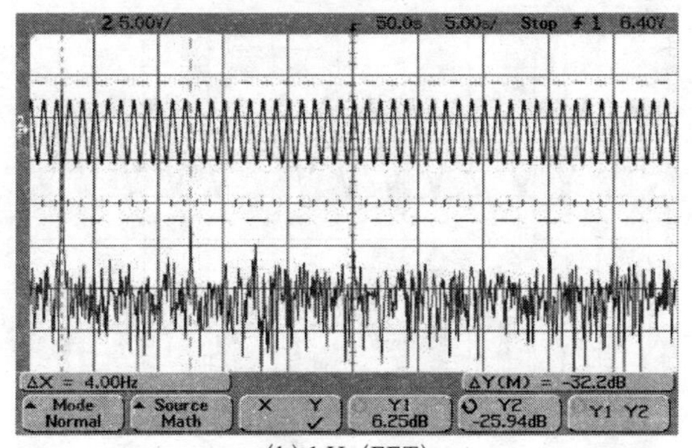

(b) 1 Hz(FFT)

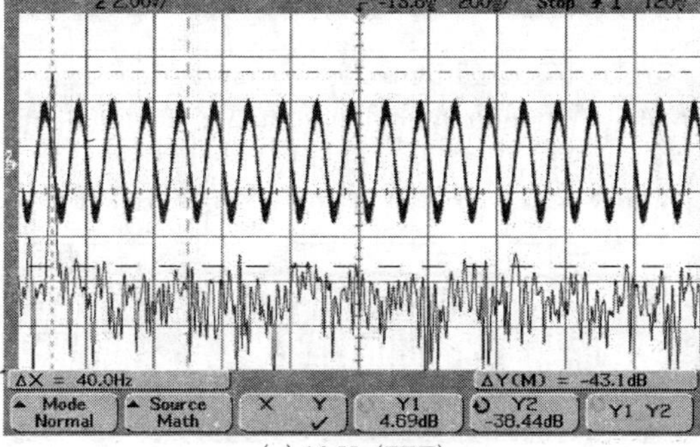

(c) 10 Hz(FFT)

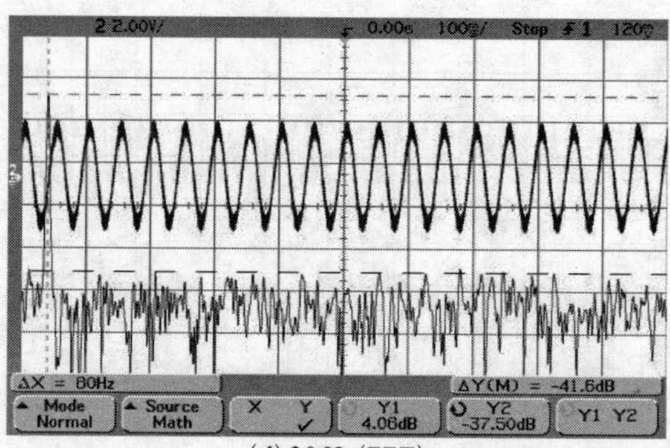

(d) 20 Hz(FFT)

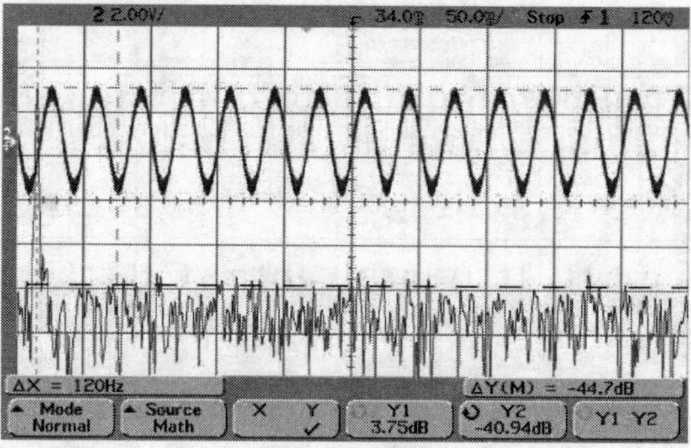

(e) 30 Hz(FFT)

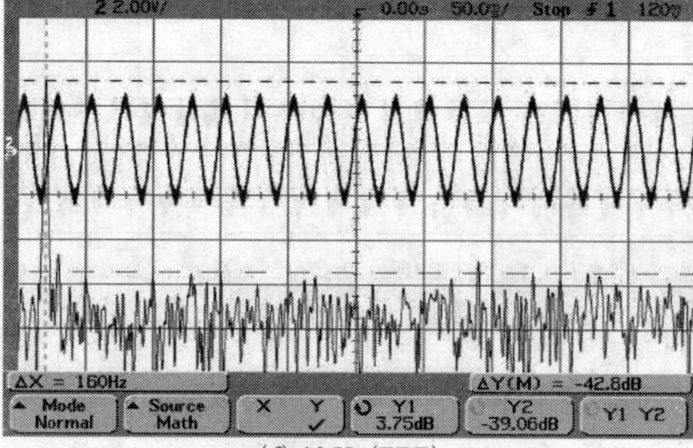

(f) 40 Hz(FFT)

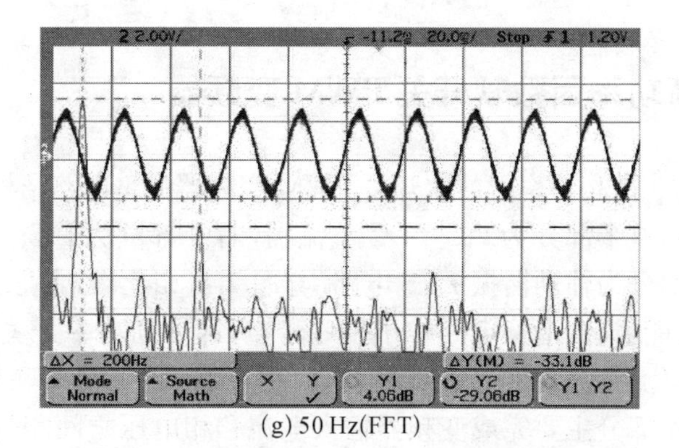

(g) 50 Hz(FFT)

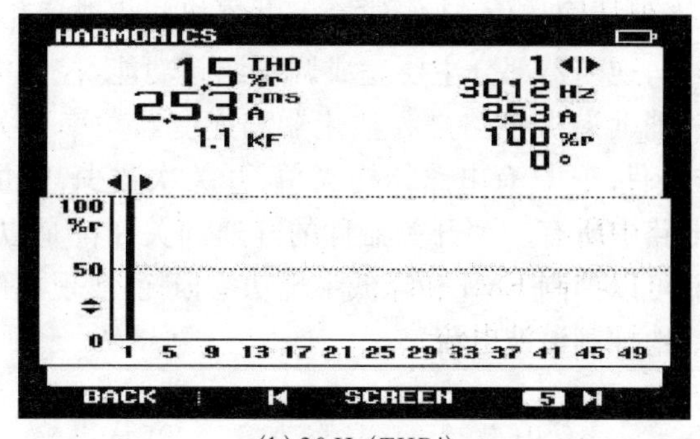

(h) 30 Hz(*THD*i)

图 4.7 软开关三相 PWM 逆变器输出电流的 FFT 及 *THD*i 分析

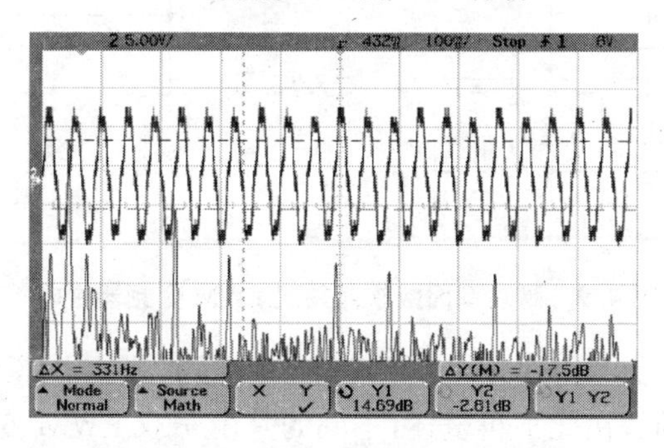

图 4.8 硬开关三相 PWM 逆变器输出电流的 FFT 分析

4.3 高功率因数软开关 PWM 变频器

图 4.9 是高功率因数软开关 PWM 变频器的主电路结构. 从图中可以看出,左半部分为 AC－DC 整流器,右半部分为 DC－AC 逆变器,中间部分为辅助谐振 ZVS 电路. 与图 2.1 相比较,考虑到整流器部分的功能,辅助谐振电路作了一些调整,即辅助功率开关 V_{C1} 的位置有了变化. 整流器和逆变器的各功率开关器件上都并联有缓冲电容. 整流器部分主要完成变频器输入电流和相电压之间相位的调节,不但能使二者保持同相位,还能使输入电流超前或滞后相电压,起到调相器的作用;逆变器部分主要完成调压调频功能,控制电动机运行在各种状态;辅助谐振电路是为整流器和逆变器功率开关器件提供软开关工作条件. 它具有电路结构简单、开关次数少、能量双向授受等特点,主电路中所有功率开关器件的开通和关断都是以 ZVS 方式进行的,从而可以抑制 EMI 和降低系统功率损耗,实现单位输入功率因数,能有效地抑制谐波电流.

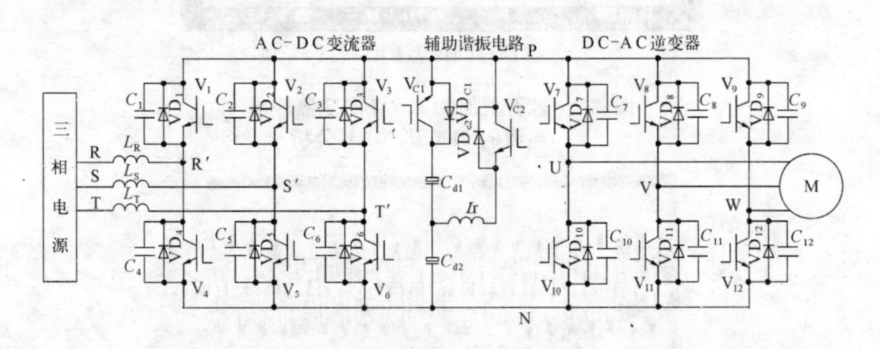

图 4.9　高功率因数软开关双 PWM 变频器主电路

图 4.10 所示为软开关双 PWM 变频器的等效电路. 等效的原理与图 2.2 类似,在此不再赘述,不同的是由于双 PWM 变频器的缓冲电容增加了,所以等效电容 $C_r = 6C_S$.

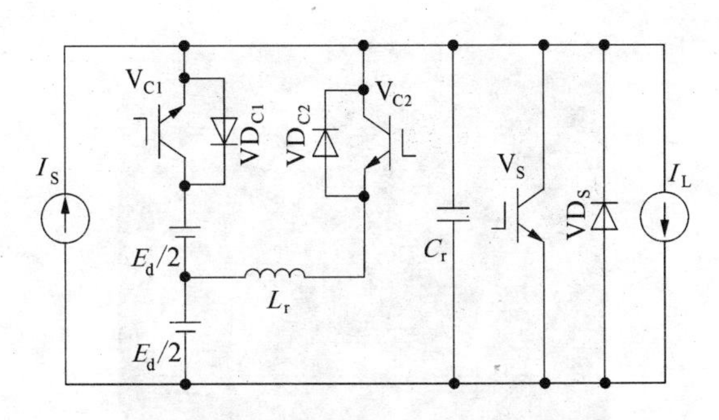

图 4.10　软开关双 PWM 变频器的等效电路

图 4.11 是软开关三相 PWM 逆变器实验装置．“软开关三相 PWM 逆变器系统”和“软开关三相 PWM 整流器系统”分别完成了各自的实验工作，并已成功地组合在一起，构成“高功率因数软开关 PWM 变频器”，图 4.12 是该变频器的内部装置．实质上是一个软开关双 PWM 变频器．“软开关三相 PWM 整流器系统”是由陈国呈教授的另一名博士生屈克庆同学完成的．本成果已用于台达电力电子科教发展基金资助的“高功率因数软开关 PWM 变频技术研究”和上海齐耀动力技术有限公司合作研发的“50 kW 可逆变频器”项目中．

图 4.11　软开关三相 PWM 逆变器实验装置

图 4.12　高功率因数软开关 PWM 变频器内部装置

4.4　小结

本章主要介绍了谐振直流环节软开关三相 PWM 逆变器的控制系统和实验结果，从实验波形中可以看出，三相 PWM 逆变器主电路中的功率开关器件都是以零电压软开关方式动作，逆变器输出电流波形在整个输出频率范围都具有较好的正弦度. 在低频时，由于采用谐振直流环节零电压软开关方式，消除了逆变器死区电压的影响，不存在电流波形的交越失真，具有较好的低速性能. 从谐波分析中可见，软开关三相 PWM 逆变器输出电流的谐波含量小，谐波总畸变率仅为 1.5%. 本“软开关三相 PWM 逆变器系统”的实验工作已经完成，并已与“软开关三相 PWM 整流器系统”组合，构成了“软开关双 PWM 变频器”. 本项目得到了“台达电力电子科教发展基金”2002、2003 两个年度的资助. 实验结果验证了本软开关拓扑思想不但在逆变器侧得到了完好实现，而且在软开关 PWM 整流侧也取得了理想的实验结果. 本成果已用于上海齐耀动力技术有限公司合作研发的“50 kW可逆变频器”项目中.

第五章　高效率软开关三相PWM逆变器及其控制策略

迄至上一章为止，整个谐振直流环节的"软开关三相PWM逆变器系统"从拓扑结构、电路仿真、数学分析直至实验结果，可以说都取得了理论与实际相吻合的满意结果，整个自然科学基金项目也截此为止，已全部完成. 但任何事物都是两分法的，从以上谐振直流环节软开关逆变器主电路拓扑中可以看出，实现软开关动作的辅助谐振电路相对结构简单、控制也简便；但这种软开关逆变器的辅助谐振电路，由于其直流母线上通常串联有一个功率开关器件，在主电路非谐振期间，该功率开关器件一直处于常导通状态，使得逆变器主电路功率开关器件的总导通损耗增大. 作为上述课题的发展和提高，本文进一步提出一种高效率软开关三相PWM逆变器拓扑，即新型谐振交流环节ZVT软开关三相PWM逆变器.

该新型的谐振交流环节ZVT软开关三相PWM逆变器具有电路结构简单、控制方便、系统成本低、效率高等特点[90～95].

5.1　ZVT软开关三相PWM逆变器的主电路结构

ZVT软开关三相PWM逆变器的主电路拓扑如图5.1所示. 图中功率开关器件 V_1～V_6、续流二极管 VD_1～VD_6、缓冲电容 C_1～C_6 构成三相PWM逆变器的主电路；换流功率开关器件V、二极管 D_1～D_6、换流电感 L_A～L_C 构成辅助谐振换流电路. 从图5.1中可以看出，实现软开关动作的辅助谐振换流电路中只用了一个功率开关器件，因而整个逆变器系统具有结构简单、成本低、控制简便等特点.

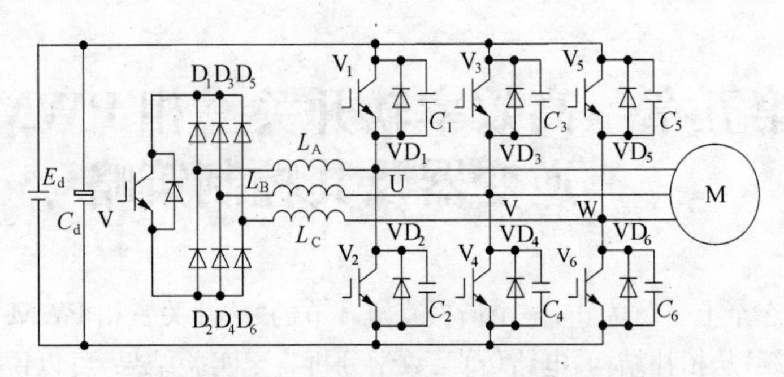

图 5.1　ZVT 软开关三相 PWM 逆变器主电路拓扑

5.2　ZVT 软开关三相 PWM 逆变器调制方式[95~101]

ZVT 软开关三相 PWM 逆变器的 PWM 调制方式如图 5.2 所示.由图 5.2 可见,本控制系统的调制不是采用传统的 SPWM 调制方式,而是以优化的鞍形波(SAPWM)作为系统控制的调制信号.从第二章中可知,使用该调制信号的优点是,可使三相 PWM 逆变器的输出电压比普通的 SPWM 调制方式提高 15%,提高了直流电压的利用率,增大电动机的输出转矩,降低逆变器输出电流的低次谐波,并能有效地减小 PWM 逆变器输出转矩的脉动.

从图 5.1 所示电路中可以看出,三相 PWM 逆变器主电路中的每一个功率开关器件上都并联有一个缓冲电容,因为电容电压不能突变,所以功率开关器件在任何时候都是以零电压(ZVS)方式关断.因此要实现逆变器主电路所有功率开关器件的软开关动作,只要能使逆变器主电路的所有功率开关器件实现零电压软开通即可.为了便于实现软开关动作,三相 PWM 调制的载波不采用传统的三角载波,而采用斜率随逆变器的输出电流极性交替改变的正负斜率锯齿载波,即当逆变器的输出电流极性为正时采用正斜率锯齿载波,而输出电流极性为负时采用负斜率锯齿载波.通过这种调制方式,三相 PWM 逆变器主电路中所有功率开关器件需要进行 ZVS 软开通的开

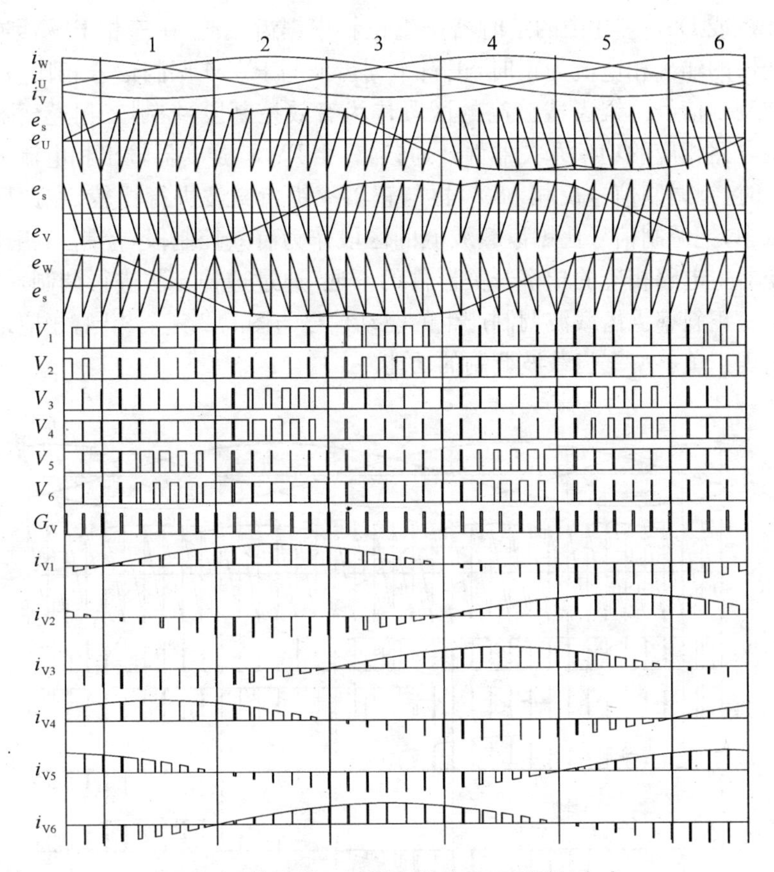

图 5.2　软开关三相逆变器的 PWM 调制方式

通动作都能集中到锯齿载波的垂直沿处.在这个时刻,启动逆变器的辅助谐振换流电路,就可同时使所有功率开关器件以零电压方式开通.所以对辅助谐振换流电路的控制较为简单.

正负斜率交替的锯齿载波在具体实现时,由于单片机或 DSP 器件中的定时器只有增计数、增减计数等方式,这样就只能生成正斜率锯齿载波或三角载波,不能产生负斜率锯齿载波,本方案采用图 5.3 所示的等效正负斜率锯齿载波的实现方案.从图中可以看出,采用单片机或DSP芯片中的定时器产生正斜率锯齿载波，在三相PWM逆变器的输出相电流为正时，正斜率锯齿波与PWM调制信号相比较，把调制信号比锯齿载波高的区段作为有效控制段，控制三相逆变器主电路相应的功率开关器件开通；当三相PWM逆变器输出相电流为负时，把调制信号反相180°，再与正斜率锯齿载波进行比较，在此区域中，把调制信号比锯齿载波低的区段作为有效控制段，控制三相逆变器主电路相应的功率开关器件的开通. 通过这种方法进行调制，用单一正斜率锯齿载波调制产生的驱动信号与图5.2完全相同，相应地实现正负斜率锯齿载波调制的功能.

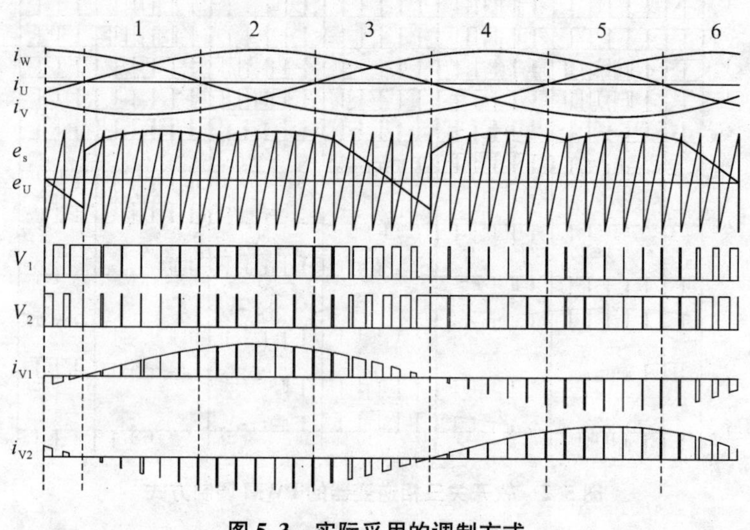

图5.3　实际采用的调制方式

5.3　ZVT软开关三相PWM逆变器的工作机理分析

为方便分析ZVT软开关三相PWM逆变器主电路功率开关器件的软开关动作模式，在此以图5.2所示区域2中的调制方式为例进行说明，由图5.2可以看出，在区域2中，PWM逆变器的三相输出电压

的状态分别为 $e_U>0,e_V<0,e_W<0$，而逆变器三相输出电流的状态分别为 $i_U>0,i_V<0,i_W<0$. 图 5.4 所示为 ZVT 软开关三相 PWM 逆变器辅助谐振电路的软开关动作时序图. 锯齿载波 e_s 和参考电压信号 V_{AUX} 以及三相调制波 e_U、e_V 和 e_W 相比较，生成换流功率开关器件 V 和三相逆变器主电路中 6 个功率开关器件的驱动信号（参考电压 V_{AUX} 的生成方法在后面第 5.3.1 节中有详细的阐述）.

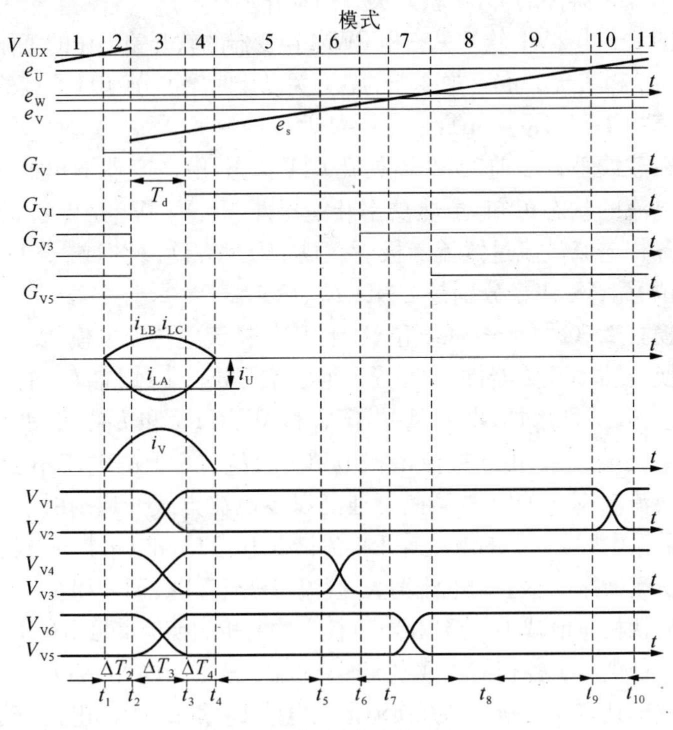

图 5.4 软开关动作时序

由图 5.4 可见，在锯齿载波垂直沿前，U 相上桥臂功率开关器件 V_1 关断，下桥臂功率开关器件 V_2 开通，V 相和 W 相上桥臂功率开关器件 V_3 和 V_5 开通，下桥臂功率开关器件 V_4 和 V_6 关断，即此时逆变器的空间电压矢量为 011 状态；在锯齿载波垂直沿后，U 相上桥臂功

率开关器件 V_1 开通，下桥臂功率开关器件 V_2 关断，V 相和 W 相上桥臂功率开关器件 V_3 和 V_5 关断，下桥臂功率开关器件 V_4 和 V_6 开通，即此时逆变器的空间电压矢量变为 100 状态. 由第二章分析可知，PWM 逆变器的空间电压矢量从 011 转换到 100 时，逆变器主电路功率开关器件的开通动作全都集中到锯齿载波的垂直沿附近，所以在此处启动辅助谐振换流电路，就能实现三相 PWM 逆变器主电路中所有功率开关器件的 ZVS 软开关开通动作.

图 5.5 为 ZVT 软开关三相 PWM 逆变器的软开关动作的工作模式. 由图 5.4 和图 5.5 可知，逆变器的软开关动作时序可分为 11 个模式.

模式 1 ($\sim G_V=\text{on}$)：

在载波垂直沿前，逆变器处在 011 状态，由逆变器输出的三相电压和电流的状态可知，虽然功率开关器件 V_2、V_3、V_5 是导通状态，但此时各相电流是流过续流二极管 VD_2、VD_3、VD_5. 此时端子 U、V、W 的电位 V_U、V_V、V_W 分别是 GND、E_d、E_d.

模式 2 ($G_V=\text{on}\sim G_3$ 和 $G_5=\text{off}$)：换流电感充电模式.

换流功率开关器件 V 开通，换流谐振电感 L_A、L_B、L_C 上的电流 i_{LA}、i_{LB}、i_{LC}线性增加，电流从端子 V 和 W 经 L_B 和 L_C、D_3 和 D_5、V、D_2、L_A 到端子 U. 由于换流谐振电感 L_A、L_B、L_C 上的电流不能突变，所以换流功率开关器件 V 的开通是以零电流方式开通. 在模式 2 中，换流谐振电感 L_A 上的电流等于换流谐振电感 L_B 和 L_C 上的电流之和，随着换流谐振电感上的电流增大，续流二极管 VD_2、VD_3 和 VD_5 上的续流电流就相应地减小. 直到相电流较小的两相的换流谐振电感 L_B 和 L_C 的电流分别等于各相的负载电流时，续流二极管 VD_3 和 VD_5 由于续流电流减小到零而关断. 之后，换流谐振电感 L_B 和 L_C 上的电流分别会超过 V 相和 W 相的负载电流，电感 L_B 和 L_C 上的电流就由续流二极管 VD_3 和 VD_5 切换到功率开关器件 V_3 和 V_5 上. 直到换流谐振电感 L_A 上的电流与 U 相负载电流相等，VD_2 也因其续流电流减小到零而关断. 此时充电模式结束，将进入下一模式. 在系统控制时，通常把模式 2 结束时刻控制在锯齿载波的垂直沿处.

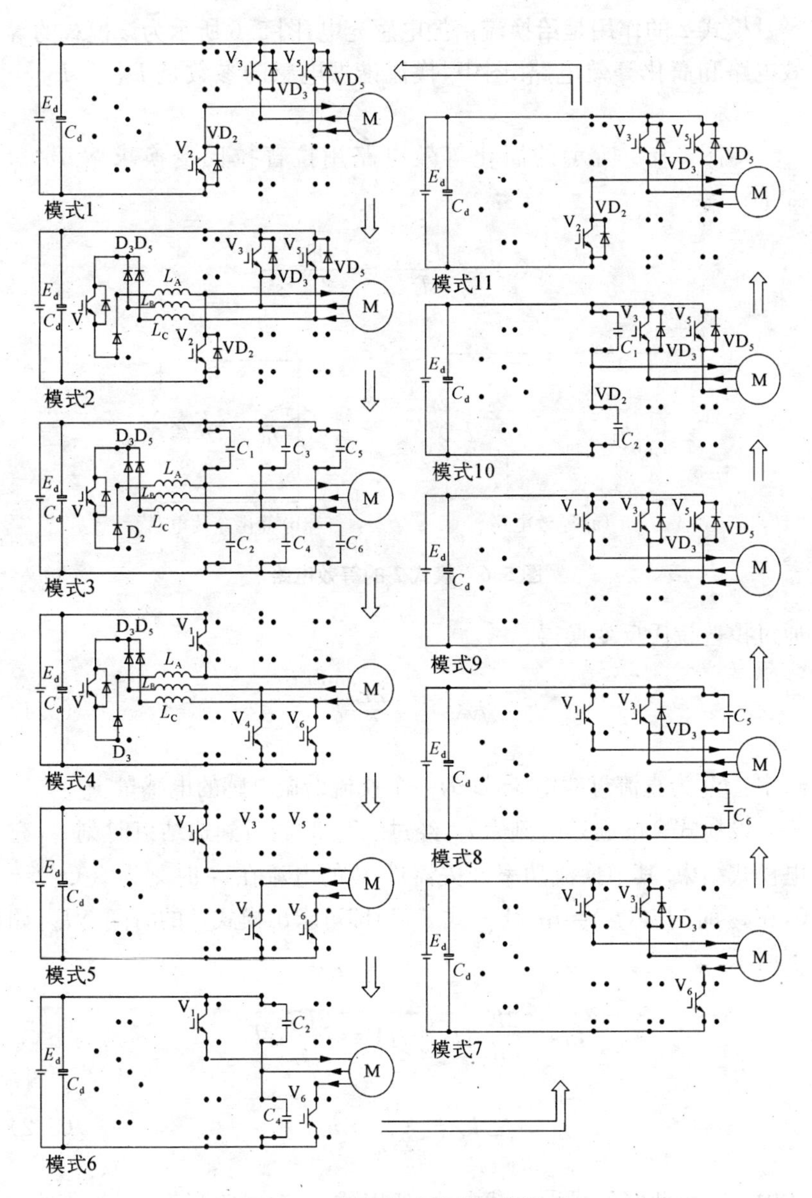

图 5.5　软开关动作的工作模式

模式 2 的作用是给换流谐振电感充电，图 5.6 所示为该模式的等效电路和简化等效电路. 图中，换流谐振电感的参数是 $L_A = L_B = L_C = L$.

对图 5.6b 所示的简化等效电路用拉普拉氏变换求解 $I_V(s)$ 如下：

$$I_V(s) = \frac{E_d/s}{3sL/2} = \frac{2E_d}{3L}\frac{1}{s^2}$$

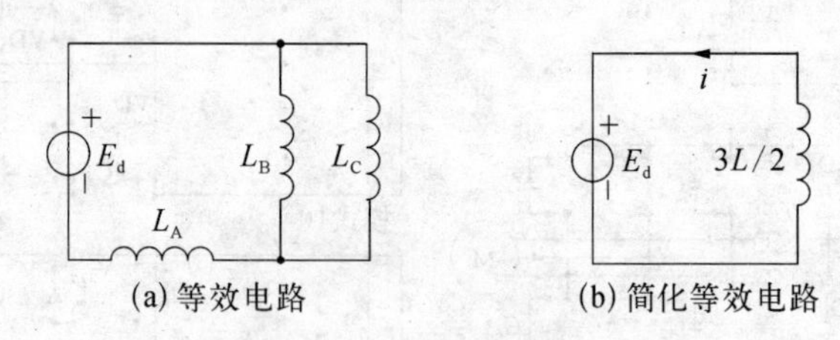

图 5.6　模式 2 的等效电路

通过拉普拉氏反变换得：

$$i_V(t) = \frac{2E_d}{3L}t \tag{5.1}$$

式中：E_d 为直流母线电压，L 为一个换流谐振电感的电感量

设模式 2 的起始时刻为 t_1，经过 ΔT_2 时间后到达结束时刻 t_2，充电模式结束. 其中换流功率开关器件 V 的电流在 t_1 时刻为 $i_V(t_1)=0$，在 t_2 时刻 $i_V(t_2)=i_U$. 代入式(5.1)即可求出模式 2 的时间 ΔT_2，如下所示：

$$i_U = \frac{2E_d}{3L}(t_2 - t_1) = \frac{2E_d}{3L}\Delta T_2$$

$$\Delta T_2 = \frac{3L}{2E_d} * i_U \tag{5.2}$$

式中：i_U 为此时的最大负载电流，所以式(5.2)可改写为

$$\Delta T_2 = \frac{3L}{2E_d} * i_{\max} \tag{5.3}$$

模式 3(G_3 和 G_5＝off～G_{V1}＝on)：谐振模式.

在 t_2 时刻关断功率开关器件 V_2、V_3 和 V_5 后，进入死区时间 t_d，此时三相 PWM 逆变器主电路中所有的功率开关器件均为关断状态，6 个缓冲电容与 3 个换流谐振电感进行谐振，换流电流路径有两条：缓冲电容 C_1 经 C_3 和 C_5、换流谐振电感 L_B 和 L_C、二极管 D_3 和 D_5、换流功率开关器件 V、D_2、L_A 到 C_1，完成 C_1 放电、C_3 和 C_5 充电；另一条是缓冲电容 C_4 和 C_6 经 L_B 和 L_C、D_3 和 D_5、V、D_2、L_A、C_2 到 C_4 和 C_6，完成 C_4 和 C_6 放电、C_5 充电(如图 5.5 中 mode 3 所示). 当换流结束到 t_3 时刻时，缓冲电容 C_1、C_4 和 C_6 的端电压降到零，模式 3 结束. 此时开通三相逆变器主电路中的功率开关器件 V_1、V_4 和 V_6，可见这 3 个功率开关器件都是以零电压方式进行开通，实现了 ZVS 软开通.

模式 3 中进行的动态过程是缓冲电容与换流谐振电感的谐振，完成缓冲电容上的能量转换. 图 5.7 所示为该模式下的等效电路及等效电路简化过程. 从图 5.4 所示软开关动作时序可以看出，该模式起始时刻 t_2 与结束时刻 t_3 的电流相等，所以在图 5.7 中为了方便地分析谐振过程，把起始状态和结束状态的电流略去，只考虑缓冲电容与换流谐振电感间谐振过渡过程. 又因图 5.7b 中 A 点和 B 点的在该模式 3 中的起始时刻 t_2 与结束时刻 t_3 的电位相等，所以在简化到图 5.7c 时把两点连接在一起，以便于分析动态过程中的电压电流. 即图 5.4 中模式 3 区域中换流谐振电感电流大于负载电流的部分.

由图 5.7g 所示的等效电路可见，等效电路为二阶电路，由电路基本知识可求出缓冲电容两端的电压如下：

$$u_C(t) = E_d\left[1 - \frac{\omega_0}{\omega}e^{-\delta t}\sin\left(\omega t - \tan^{-1}\frac{\omega}{\delta}\right)\right] \tag{5.4}$$

其中：$\delta = \frac{R'}{2L'}$，$\omega_0 = \frac{1}{\sqrt{L'C'}}$，$\omega = \sqrt{\omega_0^2 - \delta^2}$.

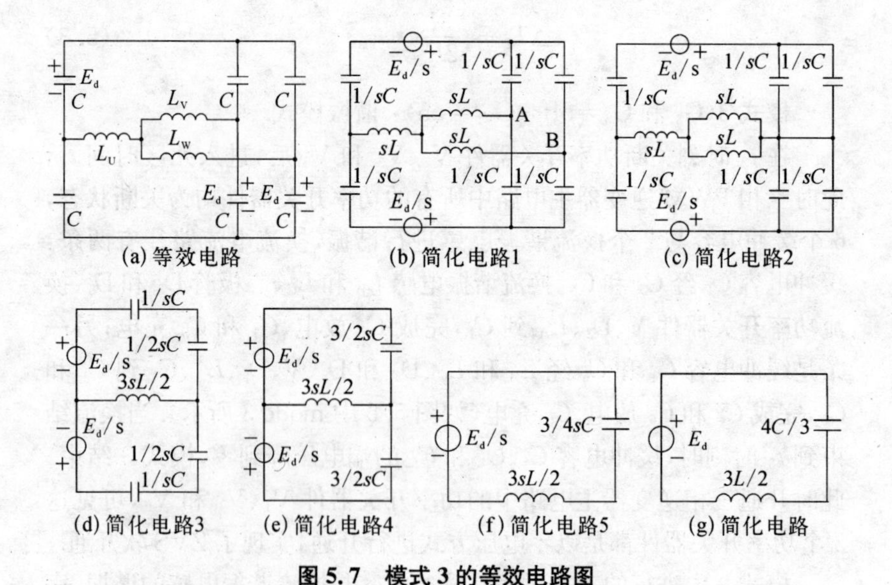

图 5.7　模式 3 的等效电路图

在等效电路中，由于 $R'=0, L'=3L/2, C'=4C/3$. 所以 $\delta=0$，$\omega_0=\omega=1/\sqrt{2LC}$，$\beta=\pi/2$. 代入式(5.4)得：

$$u_C(t)=E_d[1-\sin(\omega t+\pi/2)]=E_d(1-\cos\omega t) \tag{5.5}$$

当逆变器端子 U 的电位 $V_U=E_d$ 时，模式 3 结束，设模式 3 经过的时间为 ΔT_3，由式(5.5)可得：

$$E_d=E_d(1-\cos\omega\Delta T_3)$$

$$\Delta T_3=\frac{\pi}{2}\Big/\omega=\pi\sqrt{LC/2} \tag{5.6}$$

模式 4(G_{V1}=on～G_V=off)：换流谐振电感放电模式.

在 t_3 时刻，开通三相 PWM 逆变器主电路中的功率开关器件 V_1、V_4 和 V_6，这些功率开关器件上的电流就开始增长，而换流谐振电感电流则开始减小. 当电感电流在 t_4 时刻减小到零时，换流功率开关器件 V 关断，由此可见换流功率开关器件 V 的关断是以零电流(ZCS)

方式关断.

在该模式中由于逆变器主电路中的功率开关器件 V_1、V_4 和 V_6 开通,所以换流谐振电感上所加的直流电压方向反向,所以换流谐振电感电流开始减小,直到等零时,模式 4 结束. 模式 4 的起始时刻为 t_3,经过 ΔT_4 时间后到达结束时刻 t_4,换流谐振电感放电模式结束. 其中换流功率开关器件 V 的电流在 t_3 时刻为 $i_V(t_3)=i_U$,在 t_4 时刻 $i_V(t_4)=0$.

图 5.8 所示为该模式的等效电路、简化等效电路以及简化等效运算电路. 由图 5.8c 所示简化等效运算电路求解换流谐振功率开关器件 V 的电流 $I_V(s)$ 如下

$$I_V(s) = \frac{(E_d/s)-(3Li_U/2)}{3sL/2} = \frac{2E_d}{3L}\frac{1}{s^2} - \frac{i_U}{s}$$

通过拉普拉氏反变换得:

$$i_V(t) = \frac{2E_d}{3L}t - i_U \tag{5.7}$$

式中: E_d 为直流母线电压,L 为一个换流谐振电感的电感量.

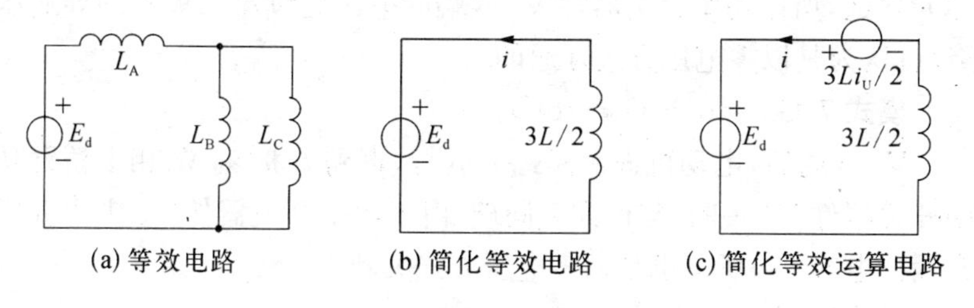

图 5.8 模式 4 的等效电路

把动态电路的边界条件代入式(5.7),即可求出模式 4 的时间 ΔT_4 如下所示:

$$0 = \frac{2E_d}{3L}(t_4 - t_3) = \frac{2E_d}{3L}\Delta T_4 - i_U$$

$$\Delta T_4 = \frac{3L}{2E_d} * i_{\mathrm{U}} \tag{5.8}$$

式中：i_{U} 为最大负载电流，所以式(5.8)可改写为

$$\Delta T_4 = \frac{3L}{2E_d} * i_{\max} \tag{5.9}$$

模式 5(G_V=off～G_{V4}=off)：

在 t_4 时刻，换流功率开关器件 V 关断后，进入模式 5，电动机由直流电源 E_{d} 供电，直到 t_5 时刻逆变器主电路 V 相下桥臂功率开关器件 V_4 关断. 功率开关器件 V_4 上并联有缓冲电容 C_4，由于电容电压不能突变，抑制了端电压的变化 dv/dt，所以功率开关器件 V_4 的关断是以零电压(ZVS)方式关断.

模式 6(G_{V4}=off～G_{V3}=on)：

功率开关器件 V_4 关断后，进入 V 相的死区时间，缓冲电容 C_3 经功率开关器件 V_1 和电动机放电，缓冲电容 C_4 由直流电源 E_{d} 经 V_1 和电动机进行充电. 当缓冲电容 C_3 放电到零时，续流二极管 VD_3 受正向电压导通. 此时控制功率开关器件 V_3 开通，因为续流二极管 VD_3 导通，所以功率开关器件 V_3 两端的电压为续流二极管的导通压降，可认为是以零电压方式开通的.

模式 7(G_{V3}=on～G_{V6}=off)：

V_3 开通后，电动机进入模式 7 运行，直到 t_7 时刻 W 相下桥臂功率开关器件 V_6 关断. 与模式 5 同理，由于功率开关器件 V_6 上也并联有缓冲电容 C_6，所以也是以零电压方式关断.

模式 8(G_{V6}=off～G_{V5}=on)：

V_6 关断后，与模式 7 进行相同的换流过程，直到 V_5 开通，模式 8 结束，完成 W 相的换流过程. 与模式 6 同理，功率开关器件 V_5 也是以零电压方式开通.

模式 9(G_{V5}=on～G_{V1}=off)：

其动态过程与模式 7 相同，完成 U 相上下桥臂功率开关器件的

切换，同理是以零电压方式进行的.

模式 10(G_{V1}=off～G_{V2}=on)：

其动态过程与模式 8 相同，完成 U 相上下桥臂功率开关器件的切换，同理也是以零电压方式进行的.

模式 11(G_{V2}=on～)：

U 相换相结束后，此时系统回到 011 矢量状态，返回到模式 1，进入下一个载波周期.

5.4 换流功率开关器件的控制基准信号生成

由 5.3 节的 PWM 动作模式分析可见，换流功率开关器件 V 要在锯齿波垂直沿前 $\Delta T_2+\Delta T_3$ 时开通，ΔT_2 和 ΔT_3 参照公式(5.3)和式(5.6).

图 5.9 是换流功率开关器件 V 的驱动信号生成原理图. 图中 T_S 为锯齿载波周期的长度，设锯齿载波的幅值为±1，换向功率开关器件 V 在锯齿载波垂直沿前 $\Delta T_2+\Delta T_3$ 时刻之前开通，由图 5.9 可得换相功率开关器件 V 的控制基准信号 V_{AUX}确定如下：

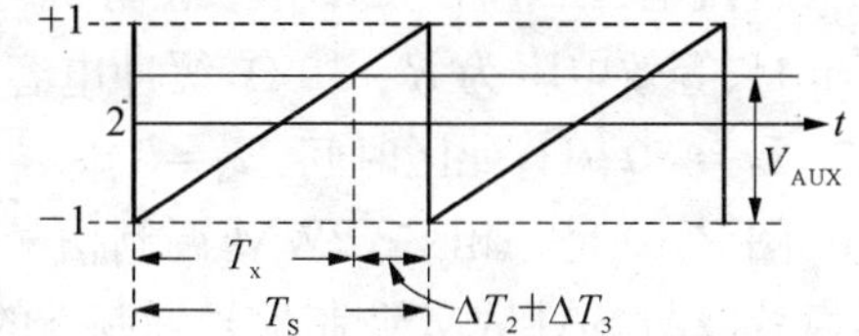

图 5.9 换流功率开关器件 V 的驱动信号

$$\frac{V_{AUX}+1}{T_x}=\frac{2}{T_S}$$

$$V_{AUX}=\frac{2T_x}{T_S}-1=\frac{2[T_S-(\Delta T_2+\Delta T_3)]}{T_S}-1$$

$$=1-\frac{2(\Delta T_2+\Delta T_3)}{T_S}$$

$$=1-\frac{2*\dfrac{3L}{2E_d}*i_{\max}}{T_S}-\frac{2*\pi\sqrt{LC/2}}{T_S}$$

$$= 1 - \frac{3L}{E_d T_S} i_{\max} - \frac{\pi\sqrt{2LC}}{T_S}$$

$$= A i_{\max} + B \tag{5.10}$$

式中：$A = -\frac{3L}{E_d T_S}$，$B = 1 - \frac{\pi\sqrt{2LC}}{T_S}$，$T_S$ 为载波周期，E_d 为直流母线电压，$i_{\max}$ 为三相负载电流中的最大值，即 $i_{\max} = \max\{i_U, i_V, i_W\}$.

5.5 高效率 ZVT 软开关三相 PWM 逆变器的仿真研究

为了验证 ZVT 软开关三相 PWM 逆变器主电路拓扑软开关控制策略的正确性，对该拓扑进行了系统仿真，仿真参数如下：

直流电压：$E_d = 540$ V；电动机等效参数：等效电感为 $L = 15$ mH、等效电阻为 $R = 10\ \Omega$；缓冲电容：$C_r = 5$ nF；换流电感：$L_A = L_B = L_C = 80\ \mu$H；死区时间：$t_d = 3\ \mu$s.

图 5.10 是一相 SAPWM 调制信号的仿真波. 图 5.11 是正斜率锯齿载波与 SAPWM 调制信号调制下的逆变器的 PWM 驱动信号仿真波形，图 5.12 是 ZVT 软开关 PWM 逆变器的三相输出电流的仿真波形.

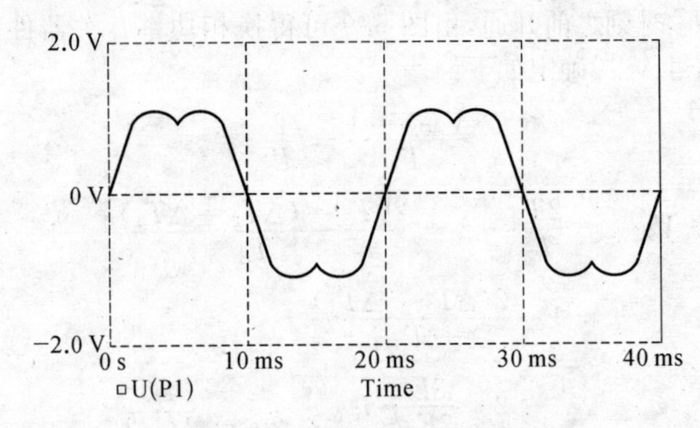

图 5.10 SAPWM 调制信号仿真波形

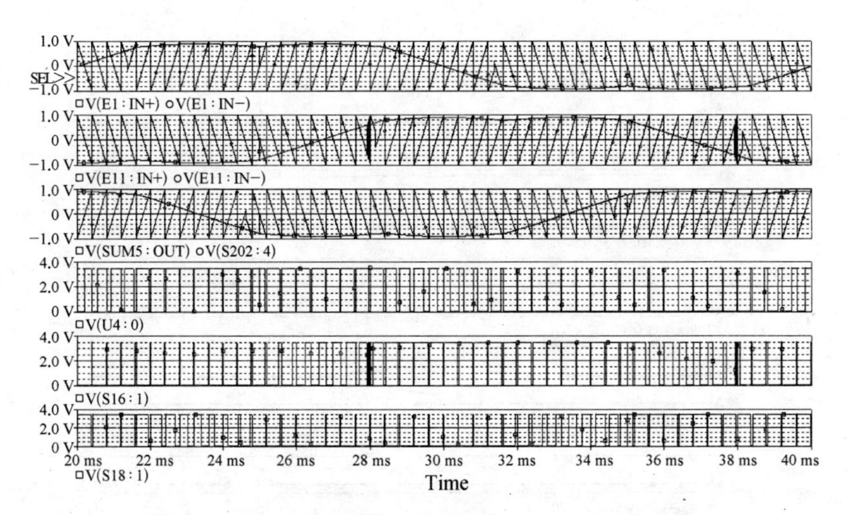

图 5.11　正斜率锯齿载波调制下的 SAPWM 驱动信号

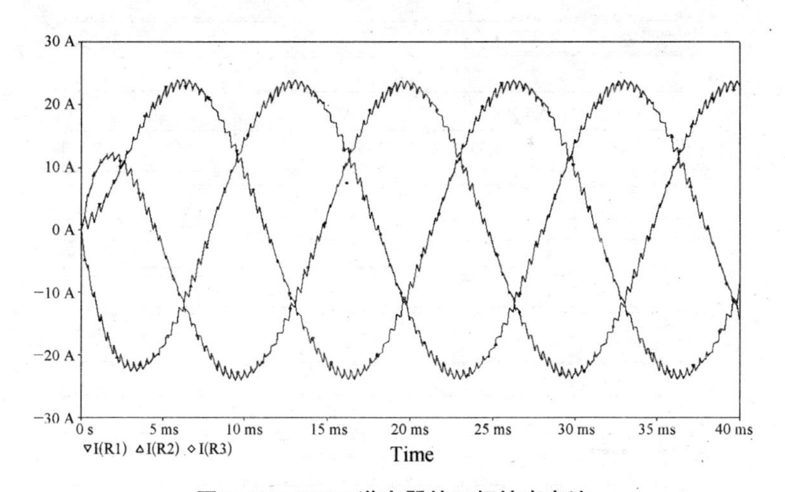

图 5.12　PWM 逆变器的三相输出电流

图 5.13 是 ZVT 软开关三相 PWM 逆变器主电路软开关动作的仿真波形图. 图 a 为逆变器三相负载的电流波形；图 b 为逆变器 U 相上、下桥臂功率开关器件的电压波形；图 c 为逆变器 U 相上桥臂功率

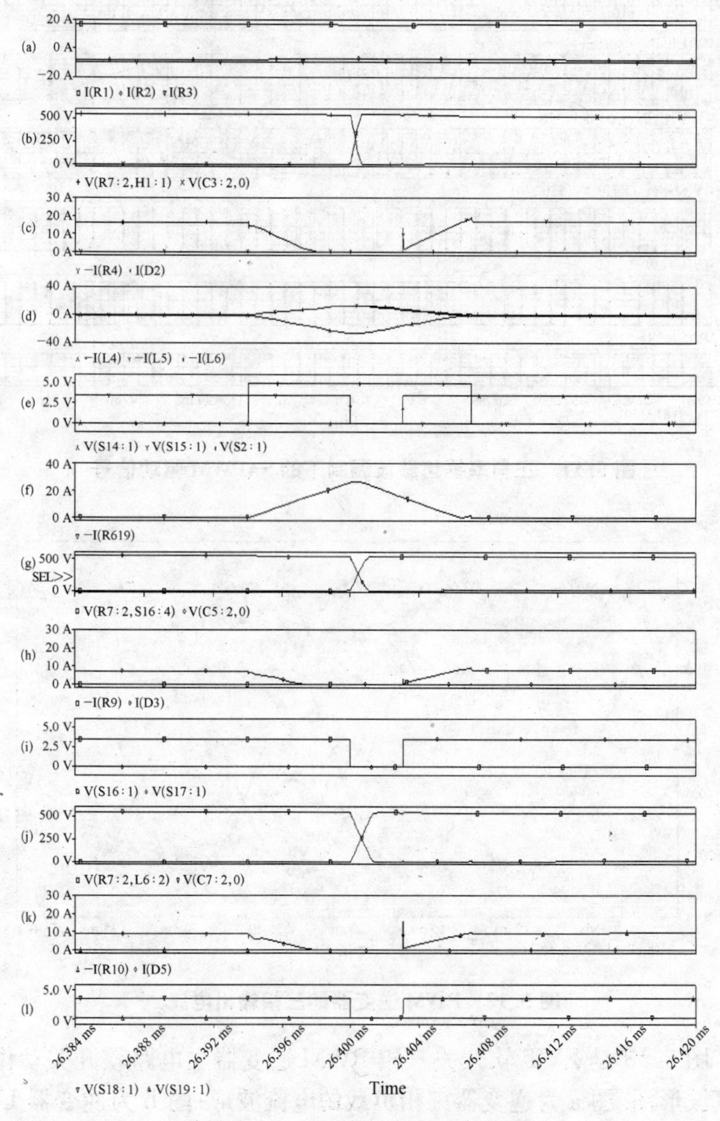

图 5.13　软开关动作仿真波形图

开关器件和下桥臂续流二极管的电流波形；图 d 为三个辅助谐振换流电感上的电流波形；图 e 为逆变器 U 相上、下桥臂功率开关器件及辅助谐振换流功率开关器件 V 的驱动信号波形；图 f 为辅助谐振换流功率开关器件 V 上的电流波形；图 g 为逆变器 V 相上、下桥臂功率开关器件的电压波形；图 h 为逆变器 V 相下桥臂功率开关器件和上桥臂续流二极管的电流波形；图 i 为逆变器 V 相上、下桥臂功率开关器件的驱动信号波形；图 j 为逆变器 W 相上、下桥臂功率开关器件的电压波形；图 k 为逆变器 W 相下桥臂功率开关器件和上桥臂续流二极管的电流波形；图 l 为逆变器 W 相上、下桥臂功率开关器件的驱动信号波形.

由图 5.13 所示的仿真波形中可见，此时逆变器的三相输出电流中，U 相电流极性为正，V 相和 W 相电流极性为负，从图 b、e、g、i、j、l 等仿真波形可见，U 相上桥臂、V 相和 W 相下桥臂的三个功率开关器件都是在其端电压下降到零以后才开通的，所以是以 ZVS 方式进行动作的. 从仿真波形 e 和 f 可见，辅助谐振换流功率开关器件 V 的开通和关断都是在其电流为零的条件下进行的，所以是以 ZCS 方式进行动作的. 由此可见，本章所提出的 ZVT 软开关三相 PWM 逆变器的控制策略是可行的，能实现所有功率开关器件的软开关动作.

5.6 小结

本章为了进一步提高逆变器系统的效率，提出了一种新型高效率的 ZVT 软开关三相 PWM 逆变器主电路拓扑及其控制策略. 逆变器的辅助谐振换流环节仅采用了一个换流功率开关器件，具有结构简单，系统成本低，控制方便等优点. 详细阐述了这种软开关逆变器拓扑下的 PWM 控制方法，采用优化的 SAPWM 调制波能提高直流电压的利用率；采用斜率随逆变器输出电流极性交替改变的正负锯齿载波有利于系统软开关功能的实现. 深入探讨了 ZVT 软开关三相 PWM 逆变器主电路拓扑的软开关动作模式，对实现软开关的动作时序中每一个动作模式的动态过程进行了数学分析，建立了系统的SAPWM 控制策略. 对逆变器系统进行了数字仿真研究，仿真结果验证了控制策略的正确性，所有功率开关器件都是以软开关方式进行动作. 本项目得到了“台达电力电子科教发展基金”2004 年度的资助. 进一步的深入研究由其他同学继续进行中.

第六章　工作总结与展望

6.1　工作总结

三相PWM逆变器是电力电子装置中占有重要地位，在现代工农业生产中得到很广泛的应用. 本文首先对现有的谐振直流环节三相PWM逆变器和极谐振三相PWM逆变器的拓扑结构进行了深入的分析，讨论了各种电路拓扑的优缺点. 在此基础上，提出了一种新型的辅助谐振软开关三相PWM逆变器电路拓扑，并对该拓扑进行了深入的研究，分析了逆变器系统的软开关工作机理，建立软开关动作过程的动态数学模型，形成与之相应的控制策略，并进行系统仿真研究和实验研究.

为了进一步提高逆变器系统的效率，进而提出一种谐振交流环节ZVT软开关三相PWM逆变器拓扑结构，分析了逆变器的工作机理，建立起系统的数学模型，确立系统的控制策略，并进行了系统仿真研究. 本论文主要取得以下成果：

1. 提出了一种谐振直流环节软开关三相PWM变频器的电路结构，该拓扑具有结构简单、控制方便、成本低、功率密度高等特点.

2. 研究了适合于三相PWM逆变器功率开关器件实现软开关动作的载波形式. 研究结果指出，要实现三相PWM逆变器主电路功率开关器件的软开关动作，必须采用正负斜率交替的锯齿波为载波，锯齿载波的斜率根据三相PWM逆变器输出相电流极性进行切换，这是逆变器功率开关器件实现软开关动作的必要条件. 同时提高了直流母线电压利用率.

3. 详细分析了软开关三相PWM逆变器的工作原理，阐述了软开关三相PWM逆变器主电路软开关的动作时序和工作模式，并对每一个动作模式进行了详细的数学分析. 从理论上分析了软开关动作时序，为三相PWM逆变器主电路功率开关器件实现软开关动作的控制策略提供了理论依据. 同时，深入研究了本软开关三相PWM逆变器中的PWM驱动信号与谐振时序间的关系. 指出要使谐振能正常地进行，形成理想的谐振槽波形，就必须使PWM驱动信号的开通动作一定要控制在谐振电感电流变负之前，确保系统软开关动作的正常实现.

4. 利用空间电压矢量概念，深入分析了软开关三相PWM逆变器的磁链运行轨迹. 指出在软开关PWM模式下，空间电压矢量的作用时间与硬开关PWM模式下发生了很大变化，有时甚至没有零电压矢量，所以在该模式下并不是完全通过零电压矢量来调节磁链的运动轨迹，而是依靠非零空间电压矢量进行调节. 正是该非零电压矢量的调节作用，使得软开关三相PWM逆变器磁链运行轨迹与硬开关时保持等效. 文章给出了相应的软开关三相PWM逆变器磁链运行轨迹. 阐述了软开关三相PWM逆变器输出电流波形发生畸变的原因，提出两种相应的补偿方法，有效地改善了逆变器的输出电流波形. 其一是通过逆变器所形成的磁链轨迹分析，从磁链轨迹上对逆变器的输出电流波形进行补偿. 另一是通过对软开关三相PWM逆变器生成的脉冲宽度进行分析，对逆变器的输出电流波形进行补偿. 两种输出电流的补偿方法都能有效地补偿电流波形，减小逆变器输出电流波形的谐波分量. 通过实验验证，第二种补偿方法较好.

5. 在理论研究指导下，建立基于TMS320LF2407A DSP芯片为控制核心的系统实验平台，完成了对软开关三相PWM逆变器系统的综合测试. 以实验结果为基础，制作了相应的实验样机，并对实验结果进行分析、归纳和总结，验证了理论研究所提出的软开关三相PWM逆变器拓扑结构及其控制策略的正确性.

以上工作仅是本自然科学基金项目中的一部分，该项目的最终目标是研究具有高功率因数、能抑制谐波电流和EMI的能量双向授受的软开关双 PWM 变频器. 目前本文所研究的软开关三相 PWM 逆变器与软开关三相 PWM 整流器已成功组合,并进行了实验研究,制作了软开关双 PWM 变频器实验样机. 本成果已用于① 台达电力电子科教发展基金资助的"高功率因数软开关 PWM 变频技术研究";② 上海齐耀动力技术有限公司合作研发的"50 kW 可逆变频器".

6. 作为本自然科学基金项目的进一步发展,提高逆变器系统的效率,本文进而提出了一种 ZVT 软开关三相 PWM 逆变器主电路拓扑及其控制策略. 该软开关逆变器拓扑的辅助谐振换流环节仅采用了一个换流功率开关器件,具有结构简单,系统成本低,控制方便等优点.

7. 详细阐述了 ZVT 软开关三相 PWM 逆变器主电路拓扑的软开关动作时序和动作模式,分析了辅助谐振换流电路的动态过程,对软开关的动作时序中的瞬态过渡过程进行了细致的数学分析,为建立逆变器系统的 SAPWM 控制策略提供了理论基础. 对 ZVT 软开关三相 PWM 逆变器系统的控制策略进行了数字仿真研究,仿真结果验证了控制策略的正确性,实现了逆变器主电路中所有功率开关器件软开关动作.

6.2 今后工作的展望

对软开关三相 PWM 逆变器的研究,现在已有很多研究成果,建立各种各样的软开关逆变器主电路拓扑和控制策略. 未来在这方面所面临的主要任务及挑战是如何减少辅助谐振电路中的功率开关器件以简化逆变器电路结构,使软开关三相 PWM 逆变器真正实用化、产业化,实现"绿色"的电力电子产品. 本课题研究的方向和目标正是适应了这一发展趋势,所提出的软开关拓扑结构简单,控制方便,能够可靠实现功率开关器件的软开关,从而为有效抑制电磁干扰(EMI)奠定了基础,降低逆变器的开关损耗,提高控制装置的效率. 目前研究工作已取得阶段性成果,但还有许多工作尚待继续进行,主要有以下两个方面：

1. 辅助谐振软开关三相PWM逆变器的实验室研究工作已经完成，但对这种高性能逆变器的产品化研制工作有待于进一步进行. 解决这种逆变器在产品化时的可靠性分析、外围功能设计以及产品系列化等工作是下一步要进行的工作.

2. 对交流谐振环节ZVT软开关三相PWM逆变器的研究工作刚刚开始，对系统控制策略进行了理论分析和研究. 下一步的工作是对这种软开关逆变器电路拓扑进行实验研究，建立系统平台，在实验中对ZVT软开关三相PWM逆变器的电路结构、电路参数等再一次进行优化设计，实现高效节能的软开关逆变装置.

参考文献

1 王聪. 软开关功率变换器及其应用. 北京. 科学出版社，2000

2 Bose B. K. Power Electronics A Technology Review. *Proceedings of IEEE*,. 1992; **80**(8): 1303－1334

3 陈国呈. PWM 变频调速及软开关电力变换技术. 北京. 机械工业出版社，2001

4 阮新波，严仰光. 直流开关电源的软开关技术. 北京. 科学出版社，2000

5 Harashim F. Power Electronics and Motion Control-A Future Perspective. *Proceedings of IEEE*,. 1994; **82**(8): 1107－1111

6 Akagi H. New Trends in Active Filters. *Proceedings of EPE'*95, Sevilla, 1995: 17－26

7 IEEE Working Group on Nonsinusoidal Situations. A survey of north american electric utility concerns regarding nonsinusoidal waveforms. *IEEE Trans Power Delivery*, 1996; **11**(1): 73－78

8 中国国家标准 GB/T 14549—93. 电能质量 公用电网谐波. 北京. 中国标准出版社，1994

9 IEEE Std. 519－1992. IEEE Recommended Practices and Requirements for Harmonic Control in Electric Power Systems, 1993

10 大西德生. 力率制御方式三相電圧形 PWM 制御電変換装置. 電学論 *D*, *T. IEE Japan*, 1990; **110－D**(7): 821－830

11 長井真一郎，佐藤伸二. 共振形三相インバータ. 平成 13 年電気学会産業応用部門大会論文誌，2001: 1365－1368

12 Pfisterer H. J., Spath. H. Switching Behaviour of an

Auxiliary Resonant Commutated Pole (ARCP) Converte. *INTELEC, International Telecommunications Energy Conference (Proceedings)*, 2000: 359-364

13 Yu Qinghong, Nelms. R. M. State Plane Analysis of an Auxiliary Resonant Commutated Pole Inverter and Implementation With Load Current Adaptive Fixed Timing Control. *IECON Proceedings (Industrial Electronics Conference)*, 2002: 437-443

14 Ralph Teichmann, Jun Oyama. ARCP Soft-Switching Technique in Matrix Converters. *IEEE Transactions on Industrial Electronics*, 2002: **49**(2): 353-361

15 De Doncker R. W., Lyons. J. P. The Auxiliary Quasi-Resonant DC Link Inverter. *PESC Record-IEEE Power Electronics Specialists Conference*, 1991: 248-253

16 Kurokawa M., Konishi Y., Nakaoka. M. Evaluations of Voltage-Source Soft-Switching Inverter With Single Auxiliary Resonant Snubber. *IEE Proceedings: Electric Power Applications*, 2001: **148**(2): 207-213

17 岸富和,松井景樹,山本勇等.陽光発電システムにおける瞬時最大電力制御.平成14年電気学会産業応用部門大会論文誌,2002: 891-894

18 曾利仁,鎌野琢也,安野卓等.風力発電システムのファジ最大出力制御における遺伝的アルゴリズムの応用.平成14年電気学会産業応用部門大会論文誌,2002: 531-532

19 熊雅红,陈道炼.新颖的双向功率流高频环节DC/AC逆变器.电力电子技术,2000: (8): 10-12

20 杨旭,王兆安.一类新的辅助开关零电流关断的零电压过渡PWM软开关拓扑.电工技术杂志,2000: (1): 5-8

21 赵振民,王聪,江涛.零电压转换功率变换器.电工技术杂志,

2000；(5)：39－41
22 阮新波，严仰光. 零电压电流开关 PWM DC/DC 全桥变换器的分析. 电工技术学报，2000；**15**(2)：73－77
23 阮新波，严仰光. 软开关 PWM 三电平直流变换器. 电工技术学报，2000；**15**(6)：28－34
24 王聪. 一种简单的 ZVZCS 全桥 PWM 变换器的分析与设计. 电工技术学报，2000；**15**(6)：35－39
25 张德华，应建平，汪范彬等. 串联型有源箝位谐振直流环节逆变器的双幅控制. 电工技术学报，2002；**17**(5)：50－54
26 孙向东，段龙，钟彦儒等. 高压直流 LCC 谐振变换器的分析与设计. 电工技术学报，2002；**17**(5)：60－64
27 阮新波，许大宇，严仰光. 加钳位二极管的零电压开关 PWM 三电平直流变换器. 电工技术学报，2001；**16**(6)：18－24
28 张德华，应建平，刘腾等. 一种新型有源箝位谐振直流环节逆变器控制策略. 电工技术学报. 2002；**17**(2)：44－49
29 朱建华，罗方林. 一种新型双极性电流源型谐振逆变器的研究. 电工电能新技术，2003；**22**(4)：1－5
30 刘凤君. 正弦波逆变器. 科学出版社，2002
31 张立，黄两一等. 电力电子场控器件及其应用. 北京. 机械工业出版社，1996
32 吴守箴，臧英杰. 电气传动的脉宽调制技术. 北京. 机械工业出版社，1997
33 Divan D. M. The resonant DC link converter-A new concept in static power conversion. *IEEE Trans. Indus. Appl.*，1989；**25**(2)：317－325
34 周继华，陈宁. 谐振直流环节逆变器的交流传动系统. 电力电子技术，1995；**29**(4)：23－26
35 洪乃刚，汪光阳，骆雅琴. 新颖高性能零开关损耗 PWM 逆变器. 华东冶金学院学报，1997；**14**(1)：14－18

36 焦振宏，周继华. RDCLI变频调速系统离散脉冲调制. 电力电子技术，1996；**30**(2)：48－49

37 周继华，李宏. RDCLI主回路设计与拓扑优化. 电力电子技术，1996；**30**(1)：29－31

38 阮新波，严仰光. 谐振直流环节逆变器：一种新颖的零电压开关拓扑. 电力电子技术，1994；**28**(4)：1－5

39 Divan D. M.，Skibinski G. Zero-Switching-Loss inverters for high-power applications. *IEEE Trans. Indus. Appl.*，1989；**25**(4)：634－643

40 Liu Tian-Hua，Hsiao Chien-Chin. Modelling and Implementation of A Resonant DC-Link Inverter Driving A Permanent Magnet Synchronous Servo System. *Proceedings of IEEE IECON*，1995：370－375

41 Oh In-Hwan，Youn Myung-Joong. A simple soft-switched PWM Inverter using source voltage clamped resonant circuit. *IEEE Trans. Indus. Elec.*，1999；**46**(2)：468－471

42 Cho J. G.，Kim H. S.，Cho G. H. Novel Soft Switching PWM Converter Using A New Parallel Resonant DC-Link. *In proc. PESC'* 91，1991：241－247

43 Yi W.，Liu H. L.，Jung Y. C.，*et al*. Program-controlled soft switching PRDCL Inverter with new space vector PWM algorithm. *In proc. PESC'*92，1992：313－319

44 Jung Y. c.，Liu，H. L.，Cho G. C.，*et al*. Soft switching space vector PWM Inverter using a new quasi-parallel resonant DC link. *IEEE Trans. Power Electronics*，1996；**11**(3)：503－511

45 Chen Yie-Tone. A new quasi-parallel Resonant DC link for soft-switching PWM Inverters. *IEEE Trans. Power Electronics*，1998；**13**(3)：427－435

46 Luigi Malesani，Paolo Tenti，Psolo Tomasin，*et al*. High

efficiency quasi-resonant DC link three-phase power Inverter for full-range PWM. *IEEE Transactions on Applications*, 1995; **31**(1): 141 - 148

47 Luigi Malesani, Psolo Tomasin, Vanni Toigo. Space vector control and current harmonics in quasi-resonant soft-switching PWM conversion. *IEEE Trans. Indus. Appl.* 1996: 269 - 278

48 Choi Jong- Woo, Sul Seung-Ki. Resonant link bidirectional power Converter. I. resonant circuit. *IEEE Trans. Power Electronics*, 1995; **10**(4): 479 - 484

49 Kim Joohn- Sheok, Sul Seung-Ki. Resonant link bidirectional power converter. Ⅱ. application to bidirectional AC motor drive without electrolytic capacitor. *IEEE Trans. Power Electronics*, 1995; **10**(4): 485 - 493

50 Divan D. M. , Skibinski. G. Zero switching loss converter for high power applications. *IEEE IAS'87 Annu. Meeting*, 1987: 627 - 634

51 De Doncker R. W. , Lyons. J. P. The auxiliary resonant commutated pole converter. *In Proceedings of IEEE IAS'90*, 1990: 1228 - 1235

52 Etic A. Walters, Oleg Wasynczuk, Henry J. Hegner. Simulation of auxiliary Resonant commutated pole (ARCP) converter. *Proceedings of IECEC'97*, 1997: 302 - 306

53 De Doncker R. W. , Lyons J. P. The auxiliary resonant commutated pole converter. *Industry Applications Society Annual Meeting*, 1990: 1228 - 1235

54 Vlatkovic V. ,Borojevic D. ,Lee F. ,*et al*. A new zero-voltage transition, three-phase PWM rectifier/Inverter circuit. *Power Electronics Specialists Conference*, 1993: 868 - 873

55 Dimons Katsis, Marc Herwald, Choi Jae-young, *et al*. Drive

cycle evaluation of soft-switched electric vehicle Inverter. *In Conference Records of IEEE IECON'97*, 1997: 658－663

56 Choi Jae-Young, Boroyevich D., Lee F. C. A novel ZVT three-phase Inverter with coupled Inductors. *Power Electronics Specialists Conference*, 1999: 975－980

57 Lai Jih-Sheng. Practical design methodology of auxiliary resonant snubber Inverters. *Power Electronics Specialists Conference*, 1996: 432－437

58 Lai Jih-Sheng. Fundamentals of a new family of auxiliary resonant snubber Inverters. *Industrial Electronics, Control And Instrumentation*, 1997: 645－650

59 Lai J. S., Young R. W., Ott G. W., *et al*. A delta configured auxiliary resonant snubber Inverter. *IEEE Transactions on Industrial Applications*, 1996; **32**(3): 518－525

60 陈国呈,周勤利,孙承波等.三相软开关PWM逆变器载波方式的选择.电工技术学报,2003; **18**(1): 52－56

61 陈国呈,谷口胜则,张晓东等.高功率因数三相软开关PWM变流器.电工电能新技术, 2001; (2): 7－10

62 陈国呈,张晓东,谷口胜则.PWM变频器抑制EMI的仿真研究.电气传动,2000; **30** 增刊: 124－127

63 Chen Guocheng, Katsunori Taniguchi, Hiroto Nakamura. A Three-Phase Soft-Switching Converter With High Power Factor. *IEEE, IPEMC'2000. 8*, 2000; **3**: 1088－1093

64 陈国呈,孙承波,张凌岚.一种新颖的零电压开关谐振直流环节逆变器的电路分析.电工技术学,2001; **16**(1): 50－55

65 许春雨,陈国呈,张瑞斌等.三相软开关逆变器的PWM实现方法.中国电机工程学报,2003; **23**(8): 23－27

66 長井真一郎,佐藤伸二,伊東洋一等.高効率・低ノイズDCリンク共振三相インバータと転流制御.電学論D,*T. IEE Japan*,

2000; **120－D**(3): 417－422

67 陈国呈,金东海. 采样式 PWM 调制. 电气传动与自动控制,1989; (4): 3－6

68 陈国呈,谷口胜则,中村博人等. 软开关三相变频器的 PWM 方法. 电工技术学报,2002; **15**(6): 23－27

69 長尾道彦,坂木章一,原田耕介. インダクタ転流ソフトスイッチングPWM 三相インバータの基本特性. 平成 14 年電気学会産業応用部門大会論文誌,2002: 173－176

70 長井真一郎,佐藤伸二,山本真義等. 2 石補助共振 DCリンクスナバを用いた三相電圧形ソフトスイッチングPWMインバータの直流電圧利用率改善. 平成 14 年電気学会産業応用部門大会論文誌,2002: 177－182

71 刘亮喜. VVVF 变频器的功率因数. 能源技术,2002; **23**(4): 176－177

72 明正峰,钟彦儒,宁耀斌等. 一种新的直流母线并联谐振零电压过渡三相 PWM 电压源逆变器. 电工技术学报,2001; **16**(6): 31－35

73 山本真義,佐藤伸二,中岡睦雄. 一括型補助共振転流アームリンク方式ゼロ電圧ソフトスイッチング VIENNA Rectifier. 平成 14 年電気学会産業応用部門大会論文誌,2002: 201－204

74 吉田正伸,平木英治,中岡睦雄. 一括インダクタ形 ACリンクスナバインバータと実証的性能評価. 平成 13 年電気学会産業応用部門大会論文誌,2001: 1365－1368

75 陈国呈,金东海. 关于 PWM 调制模式. 电气传动,1990; (4): 19－28

76 電気学会産業応用部門半導体電力変換技術委員会. PWMインバータ制御方式の最新技術動向. 電気学会技術報告第 635 号, 1997: 18－19

77 谷口勝則,入江寿一. 三相正弦波 PWMインバータにおける非周期変調方式の特性. 電気学会研究会資料,SPC-86,1986

78 谷口勝則,入江寿一. 台形波変調信号による三相 PWMインバータの諸特性. 電気学会半導体電力変換研究会資料,SPC-84-10,1984

79 陈国呈,金东海. 最优 PWM 模式控制下逆变器输出特性的数学分析. 上海工业大学学报,1990; **11**(6): 538-545

80 陈國呈,金東海. インバータ誘導機系の新特性計算法とPWMパターン最適化への応用. 電気学会論文誌 D,1988

81 许春雨,陈国呈,孙承波等. 软开关三相逆变器磁链轨迹的研究. 中国电机工程学报,2004; **24**(8): 29-33

82 陈国呈,周勤利. 再析关于 PWM 交流变频器电流波形的失真. 电气传动,1995; (6): 22-26

83 许春雨,陈国呈,孙承波等. 正负斜率锯齿载波下软开关三相逆变器的电流补偿方法. 电工电能新技术,2004; **23**(2): 13-16

84 陈国呈,许春雨,孙承波等. 对软开关 PWM 三相逆变器的输出电流波形进行补偿的方法. 国家知识产权局发明专利(申请号 No. 03151138.4)

85 许春雨,陈国呈,张瑞斌等. 关于软开关三相电压型变频器主电路谐振条件的研讨. 2002 台达电力电子新技术研讨会论文集,上海,2002: 291-294

86 TMS320C24X DSP 控制参考手册 第一卷: CPU、系统和指令集. 武汉力源电子股份有限公司,2001

87 TMS320C24X DSP 控制参考手册 第二卷: 外设模块. 武汉力源电子股份有限公司,2001

88 刘和平,严利平,张学锋等. TMS320LF240x DSP 结构、原理及应用. 北京航空航天大学出版社,2002

89 PS1203X系列应用技术资料. 三菱电机株式会社功率体资料,2002

90 吉田正伸,平木英治,中岡睦雄. ロスレススナバキャパシタ単独転流を利用した共振ACリンクスナバインバータ. 平成14年電気学会産業応用部門大会論文誌,2002: 187-192

91 長井真一郎,佐藤伸二. 共振形三相インバータ,平成13年電気学会産業応用部門大会論文誌,2001: 1365-1368

92 Jie He, Ned Mohan, Bill Wold. Zero-Voltage PWM Inverter for High-Frequency DC-AC Power Conversion. *Conference Record - IAS Annual Meeting (IEEE Industry Applications Society)*, 1990: 1215-1221

93 高珊,冯之钺. 双向ZVT-PWM三相软开关逆变器的原理分析及仿真研究. 电工电能新技术,1999; (3): 6-8

94 明正峰,倪光正,钟彦儒. 软开关技术三相PWM逆变器及效率的分析研究. 电工技术学报,2003; **18**(4): 30-34

95 明正峰,钟彦儒,韩大勇. 一种用于电机驱动的极谐振ZVT-PWM三相逆变器. 电机与控制工程学报,2001; **5**(4): 247-250

96 林国庆,张冠生,陈为等. 新型ZVT软开关PWM Boost变换器的研究. 电工技术学报,2000; (3): 44-46

97 Jin He, Ned Mohan, Bill Wold. Zero-voltage-switching PWM Inverter for high-frequency DC-AC Power Conversion, *IEEE Transactions on Industry Applications*, 1993; **29** (5): 959-968

98 Choi Jae-Young, Dushan Boroyevich, Fred C. Lee. A Novel ZVT Three-Phase Inverter with Coupled Inductors. *Power Electronics Specialists Conference, 1999. IEEE of PESC'99*. 1999; **2**(27): 975-980

99 Wei Dong, Choi Jae-Young, Li Yong, *et al*. Efficiency considerations of load side soft-switching Inverters for electric vehicle applications. *Applied Power Electronics Conference*

and Exposition, 2000; **2**(6): 1049 - 1055

100 Choi Jae-Young, Dushan Boroyevich, Fred C. Lee. Phase-lock circuit for ZVT Inverters with two auxiliary switches. *Power Electronics Specialists Conference*, 2000; **3** (18): 1215 -1220

101 Lee S. R., Ko S. H., Kown S. S., *et al*. An Improved zero-voltage transition Inverter for Induction motor driver application. *Proceedings of the IEEE Region* 10 *Conference*, 1999; **2**(15): 986 - 989

致　　谢

在论文工作即将结束之际，首先向关心和培育我的导师陈国呈教授表示衷心的感谢. 陈老师珍惜每一分每一秒时间，不分节假日辛勤地工作，求真务实，致力于学科的发展和科研中，生活中给予我们细致的关怀，使我们领悟了许多做人做事的道理. 在课题的研究工作中，呕心沥血，严格把关，耐心细致地讨论课题研究中的各种问题，培养了我们独立研究和解决问题的工作能力. 我每一分理论的充实和研究成果的取得，都包含着陈老师的心血. 他那种实事求是的科研态度、渊博的学识、一丝不苟的治学精神、严谨踏实的工作态度以及不断的求学创新精神，令我终生难忘，将深深地影响到我今后的工作和学习. 在此，再一次对导师陈国呈教授表示我由衷的崇敬和深深的谢意！

衷心感谢上海新源变频电器股份有限公司的董事长陈柏金、董事张晓钟、总经理郑锡根、副总张惠民、高级工程师荣亦诚和总师办主任朱培莉等，为实验和开发提供了良好的工作条件，并给予了大力支持和帮助，解决了课题中的许多实际问题. 倪伟民、戴天芳、武慧、宋峰、黄雅媛、李撷芬、杨芳、陈霞等同志对于课题的大力协助与支持，在此表示诚挚的谢意.

真诚感谢孙承波老师、博士研究生屈克庆、陈春根、宋文祥以及硕士研究生沈俊、雷元超、吴春华、黄跃杰等的帮助和关心，在课题研究中共同探讨，使项目开发得以顺利进行，特此向他们致以由衷的感谢.

感谢本文的评阅和答辩委员会各位老师在百忙之中对本文进行审阅和指点.

最后，将我深深的谢意献给我的父母、岳父岳母以及妻子，寒窗苦读三年多，他们承担了繁重的家务，教育女儿，解决了我的一切后顾之忧，全力支持我的学习和工作. 谨以此文表达我对他们的无限感激之情.

许春雨

2004年10月

攻读博士学位期间发表的学术论文

1. 许春雨，陈国呈，张瑞斌等. 三相软开关逆变器的 PWM 控制方法. 中国电机工程学报，Vol. 23，No. 8，2003，pp. 23～27（EI 收录：03507781474）
2. 许春雨，陈国呈，孙承波等. 软开关三相逆变器磁链轨迹的研究. 中国电机工程学报，Vol. 24，No. 8，2004，pp. 29～33（EI 收录：04418404454）
3. 许春雨，陈国呈，孙承波等. 正负斜率锯齿载波下软开关三相逆变器的电流补偿方法. 电工电能新技术，Vol. 23，No. 2，2004，pp. 13～16
4. 许春雨，陈国呈，孙承波等. ZVT 软开关三相 PWM 逆变器控制策略研究. 电工技术学报，(录用，EI 源刊)
5. Chen Guocheng, Xu Chunyu, Sun Chengbo, Qu Keqing. Study on Locus of Flux Linkage for Three-Phase ZVS Inverter, Journal of Shanghai University(录用，EI 源刊)
6. Chen Guocheng, Xu Chunyu, Sun Chengbo, Qu Keqing, Taniguchi Katsunori. Characteristic Analysis of PWM Pattern for Three-Phase ZVS Inverter, IPEMC 2004, xi'an, China, pp. 936～941
7. Xu Chunyu, Chen Guocheng, Sun Chengbo, Qu Keqing, Shen Jun. Control Strategy of A Soft-Switching Three-Phase PWM Inverter. The 5th International Marine Electrotechnology Conference & Exhibition, 2003, Shanghai, China, pp. 302～308

8. 许春雨，陈国呈，张瑞斌等. 关于软开关三相电压型变频器主电路谐振条件的研讨. 2002 台达电力电子新技术研讨会论文集，2002，上海，pp. 291～294
9. 许春雨，陈国呈，孙承波等. ZVS 软开关三相 PWM 模式的特征分析. 2003 台达电力电子新技术研讨会论文集，2003，浙江杭州，pp. 129～134
10. 许春雨，陈国呈，孙承波等. ZVS 软开关三相逆变器 PWM 模式的特征分析. 电源技术学报，Vol. 1，No. 5，2003，pp. 356～360
11. 陈国呈，许春雨，孙承波等. 软开关三相逆变器 PWM 模式的特征分析. 第十五届全国电源技术年会论文集，2003，上海，pp. 811～814
12. 陈国呈，许春雨，孙承波等. 对软开关 PWM 三相逆变器的输出电流波形进行补偿的方法(申请号 No. 03151138. 4). 国家知识产权局发明专利，2003. 9. 23

获奖情况

1. 获 2002 年度台达电力电子科教发展基金一等奖学金，台达电力电子科教发展基金计划实施委员会，2003. 9. 29
2. 获 2003 年上海市大学生发明创造申请专利三等奖，上海市知识产权局，2003. 11

完成和参与的科研项目

1. 抑制 EMI 新型变频技术应用基础研究(批准号：59977012)，国家自然科学基金
2. 高功率因数软开关三相 PWM 变频器，台达科教发展基金